旱涝急转及生态环境效应

严登华　翁白莎　毕吴瑕　王梦珂　邢子强　著

科学出版社

北京

内 容 简 介

本书从水文、气象、农业角度阐释了旱涝急转的内涵，从驱动机制、判别方法、影响机理、应对措施等方面构建了旱涝急转及生态环境效应的理论与技术框架。在此基础上，选取旱涝急转事件频发的皖北平原，通过田间情景模拟试验和数值模拟进行实证研究，分析了旱涝急转对农田土壤生态系统以及磷素迁移转化的影响机理，并提出了应对方案，为旱涝急转灾害防御提供理论与技术支撑。

本书可供水文、水资源、农业、环境、生态、减灾等领域的科研人员、大学教师和相关专业的研究生，以及从事洪涝干旱灾害防治与应对的技术和管理人员参考。

图书在版编目（CIP）数据

旱涝急转及生态环境效应/严登华等著．—北京：科学出版社，2021.4
ISBN 978-7-03-068188-1

Ⅰ.①旱… Ⅱ.①严… Ⅲ.①旱灾—水资源管理—研究—中国②水灾—水资源管理—研究—中国 Ⅳ.① TY213.4

中国版本图书馆 CIP 数据核字 (2021) 第 036929 号

责任编辑：王 倩/责任校对：樊雅琼
责任印制：吴兆东/封面设计：无极书装

科学出版社 出版
北京东黄城根北街16号
邮政编码：100717
http://www.sciencep.com

北京建宏印刷有限公司 印刷
科学出版社发行 各地新华书店经销
*
2021年4月第 一 版 开本：720×1000 B5
2021年4月第一次印刷 印张：13
字数：300 000
定价：168.00元
（如有印装质量问题，我社负责调换）

序

近年来，全球旱涝事件发生的频率和强度持续增加，造成了重大的生态环境影响和经济社会损失。我国是自然灾害多发、灾情严重的国家之一，根据《中国灾情报告》统计，水旱灾害损失约占所有灾种自然灾害总损失的70%左右，是主要的灾种。《中华人民共和国国民经济和社会发展第十四个五年规划和2035年远景目标纲要》在"建设现代化基础设施体系"篇章中，明确提出要"提升水旱灾害防御能力"。在防汛抗旱工作中，旱涝急转往往给水灾预警和防御带来困难和被动，厘清旱涝急转发生的机制及其对生态环境的影响机理，是研判旱涝急转灾害效应和开展适应性调控的基础，具有重要的科学意义。

2010年，国家启动了"气候变化对黄淮海地区水循环的影响机理和水资源安全评估"项目，我担任该项目的首席科学家，严登华教授及团队承担了"气候变化对旱涝灾害的影响及风险评估"课题，对黄淮海地区旱涝急转事件的诱发机理及演变规律进行了深入研究。我很高兴看到该团队在前期创新性研究的基础上，进一步以作物生长和水环境为切入点，深化延展旱涝急转事件对生态环境的影响研究，并取得了多项重要成果。一是综合考虑降水、土壤水等与作物生长直接相关的水循环要素，构建了旱涝急转事件评价指标，分析了皖北平原近60年和未来30年旱涝急转事件的演变规律；二是检测并分析了土壤细菌、真菌和古菌群落的多样性、物种组成和差异性，筛选出了受旱涝急转显著影响的解磷微生物物种，获得了受旱涝急转显著影响的与磷代谢相关的功能基因；三是从微观和中观尺度阐述了旱涝急转对农田生态系统中关键要素的胁迫机理，量化了旱涝急转对磷素迁移转化的影响比例，明确了砂礓黑土-夏玉米组合下减产率和磷素流失率等关键参数。

该书在相关研究的基础上，深化了旱涝急转事件的评价技术，创建了旱涝急转事件对作物和水环境的影响试验与模拟方法；结合典型旱涝场景，开展了原型观测与系统的机理试验，揭示了皖北平原旱涝急转事件演变规律及对作物和水环境的影响机理，提出了科学实用的适应对策。研究成果可为水旱灾害防御能力提升及生态环境保护提供重要的理论指导和技术支撑。

中国工程院院士

张建云

2021 年 4 月

前 言

受自然禀赋和基本国情影响，旱涝灾害一直是中华民族的心腹大患。近年来，旱涝灾害呈广发、频发态势，威胁到水安全和粮食安全。国内外广大学者在旱涝灾害的诱发机理、演变规律、影响机制及应对措施方面开展了大量研究。然而，传统旱涝灾害问题尚未得到完全解决，新型旱涝灾害——旱涝急转又成为新面临的挑战。2011 年春夏之交，长江中下游地区发生了罕见的特大旱涝急转事件，诱发我们思考并开展相关探索性研究。在国家重点基础研究发展计划（973 计划）项目、中国工程院重大咨询项目等的支持下，作者团队开展了旱涝急转事件评价指标构建及评判标准划分等研究，并揭示了黄淮海地区 1961~2011 年旱涝急转事件的演变规律。后续在国家重点研发计划项目、国家杰出青年科学基金项目和国家优秀青年科学基金项目等的支持下，进一步深化研究了旱涝急转事件的生态环境效应，以满足对旱涝急转的灾害效应研判和适应性调控的需求。

本书在团队前期研究的基础上，构建了旱涝急转评价及影响的理论与技术框架，改进提出了综合气象和农业指标的日尺度旱涝急转判别方法，基于此判别方法，分析了皖北平原历史和未来旱涝急转演变特征，并设计了田间情景模拟试验剖析旱涝急转事件对夏玉米 - 砂礓黑土农田生态系统中磷素迁移转化、夏玉米生长和水环境的影响。团队从理论框架到试验方案均经过多次讨论、修改，并根据极端旱涝事件适应性调控和防御能力提升的实际需求，将试验结果推广到区域估算，为理论研究落地提供重要支撑。

本书研究工作得到了国家重点研发计划项目"陆地水循环演变及其在全球变化中的作用研究"（编号：2016YFA0601500）、国家优秀青年科学基金项目"极端水文及生态环境效应"（编号：52022110）及国家杰出青年科学基金项目"变化环境下水资源演变机理与适应性调控"（编号：51725905）的联合资助。

流域水循环模拟与调控国家重点实验室余弘婧、夏庆福等，以及安徽省（水利部淮河水利委员会）水利科学研究院五道沟水文水资源实验站王振龙、王兵、胡永胜、周超、胡勇、董国强等对团队的研究工作给予了大力支持。973项目"气候变化对黄淮海地区水循环的影响机理和水资源安全评估"首席科学家张建云院士对本书的出版给予了诸多指导、督促和建议。此外，刘姗姗、景兰舒、马骏、严四英等参与了部分田间试验，王坤、刘思好等参与了部分数据分析。特此致以衷心的感谢。

由于旱涝急转问题本身的复杂性，加之时间仓促和受水平所限，书中不足之处敬请批评指正。

作者

2021 年 4 月

目　　录

第1章 | 绪 论

1.1 旱涝急转研究背景与意义

受气候变化和人类活动的影响，全球极端天气现象如干旱、洪涝等发生的频率和强度持续增加，造成了极大的经济损失和社会影响（Wilhite，2000；Frich et al.，2002；Zhai et al.，2005）。据统计，20世纪70年代以来，全球极端干旱发生面积较之前增加约1.5倍（Dai et al.，2004）；近100年来，全球共发生2800余次洪涝，造成近700万人死亡（Dai et al.，2004；杨佩国等，2013）；1998～2017年，全球干旱和洪涝导致16.4万人死亡，经济损失约7800亿美元（Wallemacq et al.，2018）。我国平均2～3年经历一次严重的干旱事件，近年来重大和特大干旱事件发生频率上升，受灾面积不断扩大（翁白莎和严登华，2010；倪深海和顾颖，2011）；受东亚夏季风的影响，洪水灾害频发，呈现范围广、突发性强、损失大的特点，1950～2017年，平均每年洪水受灾面积964.869万hm²，成灾面积531.919万hm²，死亡人口4155人，社会直接经济损失高达1505.22亿万元（国家防汛抗旱总指挥部，2017）。

原有的旱涝问题尚待完全解决，新型旱涝问题——旱涝急转日渐凸显（Bi et al.，2019）。2018年肯尼亚发生了严重的旱涝急转，导致近200人遇难，超过21 000 acre[①]的农田遭到破坏（Yuan et al.，2015；Zhang et al.，2015；Case，2016）。我国旱涝急转多发生在南方，主要集中在长江流域、淮河流域以及西南地区等（Li et al.，2009；Ye and Li，2017；Shan et al.，2018）。2011年长江中下游地区由1～5月的大旱进6月迅速转大涝，湖南、湖北、福建、广西、云南、江西等地遭受不同程度灾害，被中国气象局列为"2011年国内十大天气气候事件"（中国气象局，2012）。

旱涝急转是指某一地区/流域前期持续偏旱，突遇集中强降雨，导致河水陡涨、农田涝渍，短时间内干旱和洪涝事件交替出现的一种极端水文事件（吴志伟，2006）。不同于干湿交替，旱涝急转对干旱和洪涝程度均有阈值要求，且二者之间转换迅速。旱涝急转的发生受很多因素影响，如全球气候变化、大气环流、地区排涝水平等孕灾要素以及作物种类和生育期等成灾要素（孙鹏等，2012；张天

---

① 1 acre ≈ 4046.86 m²

宇等，2014；何慧等，2016）。作为旱涝灾害中的一种特殊天气现象，旱涝急转近年来广发、频发，严重威胁到水安全和粮食安全。旱涝急转灾害不仅影响农业生产和经济发展，也直接影响到流域污染物在环境介质的存在（形态与水平）、化学特性、迁移、转化、积累过程，最终改变流域地表水环境质量（Whitehead et al.，2009）。因此旱涝急转问题日益成为气象、水文、农业等相关领域研究的热点。

淮河流域地处我国南北气候过渡带，降水时空分布极度不均，50%～75%的降水集中在夏季。受气候条件、地理位置和下垫面条件等因素耦合影响，淮河流域旱涝灾害呈现频发、多发、并发态势，旱涝急转事件平均笼罩范围达17.35%（王梅等，2017；唐明等，2007）。与此同时，淮河流域耕地分布面积约占全国耕地面积的12%，是我国重要农业生产基地之一；而化肥、农药不合理施用导致的农业面源污染，严重影响到淮河地表水环境质量，淮河流域是我国水污染最严重的流域之一，颍河、涡河等部分水体污染尤为严重，水质类别均为劣 V类，磷素是主要的超标因子之一（中华人民共和国环境保护部，2016）。皖北平原拥有广袤的淮北平原，主要水系包括颍河和涡河，且旱涝急转频发，是淮河流域研究旱涝急转的典型区域。

玉米作为世界上主要的粮食作物之一，其高产在解决温饱、确保粮食安全和饲料安全等方面具有重要意义（Egamberdiyeva，2007；Sposito，2013）。然而，玉米的生长受降水、温度、光照、鼠疫等环境因素的制约（Mohammadkhani and Heidari，2008；Zhou et al.，2011），尤其是干旱和洪涝等极端气候事件，由于土壤中有效水分发生变化（Campos et al.，2004；Ren et al.，2014），将会对玉米生长发育造成严重影响。根系作为植株连接地上部分和土壤的重要枢纽，是在作物生育期内为其提供水分和营养的重要器官，对作物地上部分的生长起着重要作用。同时，根系对环境变化较为敏感，并能直接影响粮食产量和品质（Lynch et al.，2014；Ahmed et al.，2016）。

目前对旱涝急转的判别方法、灾害影响等方面的研究尚未完善，从规律到影响的系统研究体系和相应的实践支撑均有待补充。本书拟通过对上述问题的研究进一步发展旱涝急转事件对生态系统影响的相关理论，具有一定的理论意义。

本书拟构建一套以"定量判别—规律分析—试验模拟—机理识别—影响阐释—综合应对"为主的方法体系，进一步对旱涝急转事件的生态环境效益进行研究，以期为流域旱涝急转事件的定量判别、机理识别和影响分析提供方法支撑，具有重要的方法意义。

皖北平原是淮河流域的主要农业生产基地，而流域内雨量分布不均，排水系统混乱，造成旱涝急转频发（段红东，2001）。而旱涝急转事件因其转折变化剧烈，

比单一的旱 / 涝、干湿交替等事件造成的灾害损失可能更为严重。因此，选择皖北平原为研究对象，开展旱涝急转情景模拟试验研究，揭示旱涝急转对典型农田生态系统中磷素迁移转化的影响机理，剖析其对作物生长及水体环境的影响效应并提出应对措施，可为流域的极端旱涝灾害防治提供支撑，具有重要的实践意义。

综上，以皖北平原为对象，结合田间试验和数值模拟，开展旱涝急转对夏玉米农田生态系统中磷素迁移转化的研究具有重要的科学意义和应用价值。

1.2　旱涝急转国内外研究动态与趋势

1.2.1　旱涝急转研究现状

针对旱涝急转的研究开始于 2006 年，通过检索 Web of Science 和中国知网数据库，本书统计了 2006 ～ 2019 年发表的与旱涝急转有关的文献数量（毕吴瑕等，2021）（图 1-1）。共检索论文 140 篇，其中中文论文 119 篇，SCI 论文 21 篇。整体趋势呈现 2006 ～ 2010 年成果较少，2011 年激增，2012 ～ 2018 年平缓波动，2019 年激增。

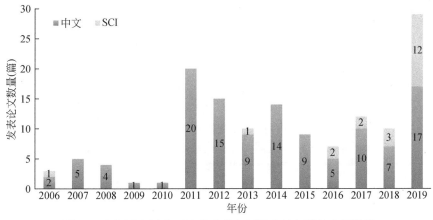

图 1-1　国际和国内期刊上发表的与旱涝急转相关的文献数量

资料来源：Web of Science 英文数据库检索，知网中文数据库检索

采用 Citespace 文献分析软件（陈超美等，2009），本书对旱涝急转研究方向的关键词（图 1-2）、研究机构（图 1-3）和主要作者（图 1-4）进行统计分析。SCI 文献中出现的关键词主要有：climate change（气候变化）、precipitation/rainfall（降水 / 雨）、river basin（流域）、spatial pattern（空间分布）、China（中国）、ENSO（厄尔尼诺与南方涛动）、cross wavelet transform（交叉小波变换）

等；中文文献中出现的关键词主要有：长江中下游地区、淮河流域、水稻、成因、趋势分析、应对措施、大气环流、副热带高压、拉尼娜（La Nia）等。可见，当前针对旱涝急转的研究主要集中在演变规律、成因分析、灾害损害等方面。

SCI 文献中研究机构主要集中在中国，有少量文章与加拿大和泰国的研究机构合作，最主要的研究机构有：Chinese Academy of Science（中国科学院）、China Institute of Water Resources and Hydropower Research（中国水利水电科学研究院）、Wuhan University（武汉大学）等；中文文献中研究机构主要有武汉大学水资源与水电工程国家重点实验室、安徽省气候中心、江西省作物生理生态与遗传育种重点实验室、贵州水利科学研究院、河海大学等。

SCI 文献的主要作者有：Hu T S、Gao Y、Huang J 团队，Yuan Y J、Fan H、Shen D F、Zhang Z Z 团队，Yan D H、Weng B S、Bi W X 团队，He H H 和

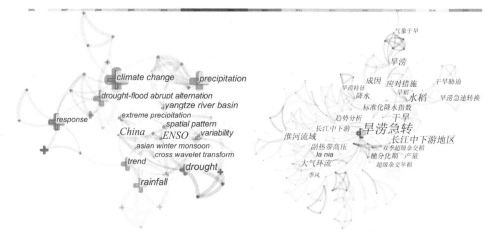

图 1-2　国际和国内期刊上发表的旱涝急转研究方向的关键词

资料来源：Web of Science 英文数据库检索，知网中文数据库检索

图 1-3　国际和国内期刊上发表的旱涝急转研究方向的研究机构

资料来源：Web of Science 英文数据库检索，知网中文数据库检索

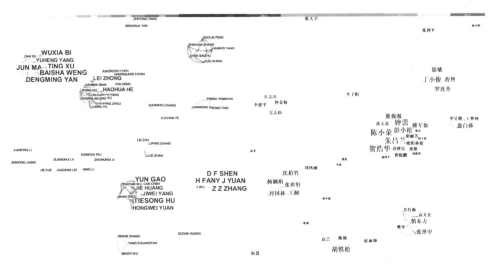

图 1-4 国际和国内期刊上发表的旱涝急转研究方向的主要作者

资料来源：Web of Science 英文数据库检索，知网中文数据库检索

Zhong L 团队等；中文文献的主要作者有贺浩华、陈小荣、朱冒兰、钟蕾、熊强强团队，封国林、沈柏竹团队，丁小俊、徐敏、程智团队，慎东方、张泽中团队，胡铁松、高芸、陈灿团队，严登华、翁白莎、毕吴瑕、王梦珂团队，吴志伟、李建平团队等。

通过对国内外文献分析可知，旱涝急转方面的研究目前仍处于发展阶段，多集中在国内，研究区域大多集中于长江流域和淮河流域，成因分析主要针对大气环流、季风和副热带高压等方面，趋势分析侧重于空间分布的演变趋势，研究作物对象主要是水稻。目前主要的研究团队有武汉大学的胡铁松团队、中国水利水电科学研究院的严登华团队、贵州水利科学研究院的贺浩华团队等。

1.2.1.1 旱涝急转定义和评价方法

目前，旱涝急转的定义尚未统一，大多基于降雨量对旱涝急转进行定义。比较典型的有：吴志伟（2006）和吴志伟等（2006）定义了"旱涝并存、旱涝急转"现象，指短期内旱涝交替出现的情形，是降水季节内变化的典型代表，在东亚季风区夏季时有发生。此定义奠定了旱涝急转研究的理论基础。张效武等（2007）认为旱涝急转是干旱后突遇强降雨导致内水无法外排的现象，从而引发一系列水灾害问题。该定义强调旱涝急转的灾害效应。陈灿等（2018）综合考虑气象、土壤水动力学和作物需水等过程，着重定义了水稻的旱涝急转事件。该定义能较好地指导农业生产实践。

旱涝急转事件的评价方法主要有长周期旱涝急转指数和短周期旱涝急转指数、日尺度旱涝急转指数、基于旱涝指数的旱涝急转评价。

（1）长周期旱涝急转指数和短周期旱涝急转指数

长周期旱涝急转指数和短周期旱涝急转指数由吴志伟（2006）和吴志伟等（2006）提出，是国内定量评价流域/地区旱涝急转事件的常用方法。长、短周期旱涝急转指数的计算公式如下：

$$\text{LDFAI}=(R_{78}-R_{56})\times(|R_{56}|+|R_{78}|)\times 1.8^{-|R_{56}+R_{78}|} \qquad (1\text{-}1)$$

$$\text{SDFAI}=(P_j-P_i)(|P_i|+|P_j|)\times 3.2^{-|P_i+P_j|},\ j=i+1(i=5,6,7) \qquad (1\text{-}2)$$

式中：LDFAI，长周期旱涝急转指数；R_{78}，7～8月标准化降水量；R_{56}，5～6月标准化降水量；SDFAI，短周期旱涝急转指数；P_i，第i月标准化降水量；P_j，第$i+1$月标准化降水量。

长周期旱涝急转指数和短周期旱涝急转指数值大于1时，表明该流域/地区旱涝急转事件是"旱转涝"类型；长周期旱涝急转指数和短周期旱涝急转指数小于−1时，则是"涝转旱"类型。不同研究区域基于此公式，结合区域实际情况采用相应的旱涝急转指数并调整权重系数。长周期旱涝急转指数和短周期旱涝急转指数为定量研究旱涝急转事件奠定了基础，但其无法识别旱涝急转事件发生的时间节点，且默认将旱涝急转发生的时间定为夏季，该评价方法并未很好体现旱涝急转事件的发生过程。

（2）日尺度旱涝急转指数

日尺度旱涝急转指数是基于长周期旱涝急转指数，并同时考虑旱、涝和急转程度三个因素的日尺度评价指标（Shan et al.，2018）。该方法弥补了长周期旱涝急转指数和短周期旱涝急转指数以月或旬为时间尺度可能使旱涝发生中和的缺陷，并考虑了急转程度，对旱涝急转事件的筛选更加全面。具体计算公式如下：

$$\text{DWAAI}=[K+(\text{SPA}_h-\text{SPA}_q)\times(|\text{SPA}_q|+|\text{SPA}_h|)]\times a^{-|\text{SPA}_q+\text{SPA}_h|} \qquad (1\text{-}3)$$

$$K=\sum_{i=1}^{n}\left(\frac{\text{SAPI}_i-\text{SAPI}_o}{i}\right) \qquad (1\text{-}4)$$

式中：DWAAI，日尺度旱涝急转指数；SPA_q，前期标准化降水异常值，SPA_h，后期标准化降水异常值；SAPI_i，后期第i天的标准化前期降水指数异常值；SAPI_o，前期最后一天的标准化前期降水指数异常值。

（3）基于旱涝指数的旱涝急转评价

基于旱涝指数的旱涝评价中的旱涝指数主要包括SPI指数、Palmer旱度模式和降水距平百分率等。

程智等（2012）以标准化降雨指数SPI重新定义旱涝急转，认为依据SPI指数连续 20 天以上为干旱，并在 10 天内迅速转涝，则发生旱涝急转。该方法将时间尺度精确到日尺度，可分析区域性事件。

熊威（2017）基于改进的 Palmer 旱度模式，分析了四湖流域旱涝急转特征。此方法未探讨土壤水分和地表径流过程，与田间实际情况有一定出入。

张屏等（2008）给出了旱涝急转的判别标准，即日（或过程）降水量达到小涝以上标准，且涝灾出现前至少 40 天的平均降水距平百分率小于 –60%。该方法首次定义了旱涝急转中旱和涝的标准并提供筛选标准，定义仍较笼统。王胜等（2009）采用旬降水距平百分率指数定义并分析了淮北地区旱涝急转季节演变特征。此方法适用于流域范围也可应用于大尺度范围，但不适合站点数少的地区，且时间尺度精确度到旬尺度，仍不能很好体现急转现象。

此外，黄茹（2015）以连续无雨日和降水入渗系数来判别旱涝急转事件，并将旱涝急转等级划分为 9 类。该方法未阐明如何应用于生产实践。陈灿等（2018）综合考虑气象、土壤水动力学和作物需水等过程提出旱涝急转评价方法。该方法理论与生产实践得到很好结合，但其主要针对水稻，不确定该方法是否适用于其他农作物。

1.2.1.2　旱涝急转事件成因分析

现有研究普遍认为旱涝急转事件主要与大气环流、季风和副热带高压及流域地形地貌条件等有紧密的联系。

Wu 等（2006）和封国林等（2012）基于 ERA-40 再分析资料和 NOAA-Hysplit 模型模拟 2011 年长江中下游地区旱涝急转事件，得出前期持续严重干旱是受较强的赤道中东太平洋拉尼娜事件和赤道印度洋的异常冷海温的影响，南方水汽输送不足；后期异常冷海温减弱，冷暖空气持续交绥，致使降水持续性异常偏多，从而发生旱涝急转。Yang 等（2013）研究结果也表明，长江中下游地区旱涝急转事件主要受到西北太平洋副热带高压等大气环流形势及暖湿气流向北输送异常耦合作用的影响。此外，沈柏竹等（2012）、李明等（2014）、李迅等（2014）、马鹏辉等（2014）、刘佩佩等（2014）、Chen 等（2018）和 Fang 等（2019）分别采用统计方法对旱涝急转事件与大尺度环流和海温异常、低频环流等相关关系展开分析，得到气象条件变化是重要驱动因素。

针对淮河流域旱涝急转事件，徐敏等（2013）基于 1960 ~ 2007 年逐日降水资料筛选出淮河流域夏季旱涝急转事件并进行低频振荡特征分析，得出造成旱涝急转的环流成因是欧亚中高纬度高度场、经向风场的低频位相在少雨、多雨期呈相反纬向分布。唐明等（2007）认为造成沿淮淮北地区旱涝急转问题的主要原因是未能解决区域易涝特性与其排涝能力、易旱特性与其抗旱能力之间的矛盾。

此外，何慧和陆虹（2014）基于 NCEP/NCAR 再分析资料分析 2013 年广西夏季旱涝急转事件的环流特征，得出大气环流发生调整，热带辐合带随之北移，在缅甸—华南—菲律宾北侧稳定维持，台风持续影响广西，进而发生旱涝急转。时兴合等（2015）对青海北部1961～2013年春季旱涝急转的主要特征进行研究，结果表明，旱涝急转与前期高原加热场偏强以及春夏过渡时间提前有关。孙小婷等（2017）分析西南夏季旱涝急转发现，旱转涝年和涝转旱年西太平洋副热带高压与来自孟加拉湾和南海的水汽输送均有异常且规律恰好相反。张玉琴和李栋梁（2019）分析1960～2015年华南春末初夏和盛夏旱转涝事件得出，西太平洋副热带高压、孟加拉湾南支槽和低层水汽输送有明显差异。Yu等（2019）研究表明黄土高原旱涝同步与太阳活动有关。

1.2.1.3 旱涝急转事件演变特征

我国南部和中东部地区/流域是旱涝急转事件的易发重发区，且呈现出不同的演变特征。

程智等（2012）对1960～2011年间长江中下游水资源二级分区的典型旱涝急转事件进行统计分析得出，该地区典型旱涝急转事件约10年一遇，干流旱涝急转事件强度更大。Li等（2016）基于1959～2009年鄱阳湖逐日入湖水量分析4～7月旱涝急转规律，得出旱转涝和涝转旱的交替循环过程长时期存在，且交替频次渐增。吴志伟等（2007）统计我国华南地区夏季强"旱涝并存、旱涝急转"（DFC）事件的气候统计特征表明，强DFC易"旱"且易"涝"，而弱DFC相反。孙鹏等（2012）依据1956～2009年东江流域的月降水量资料对汛期长、短周期旱涝急转事件演变特征分析，结果表明中上游地区大多呈现旱转涝趋势，下游和三角地区有涝转旱趋势。

张效武等（2007）对安徽省旱涝急转事件发生规律进行分析认为，时间上一般在6月中下旬至7月底之间发生，空间上全省都可能发生，以沿淮淮北地区和大别山区最为突出。程智等（2012）分析得出淮河流域1960～2009年间旱涝急转事件重现期约为4年一遇，流域上游和南部地区为频次和降水强度的极值区，年代际演变呈现出先减少后增加的趋势。张水锋等（2012）基于吴家渡水文监测站1950～2007年月径流量资料分析淮河流域汛期旱涝急转现象得出，长、短周期旱涝急转频次不断减少，但2000年之后汛期长周期旱转涝、6～7月短周期旱转涝逐渐增加。

Fan等（2019）基于DWAAI指数计算1968～2017年间贵州省旱涝急转特征，得出贵州省旱涝急转主要发生在4～10月，春季和夏季发生频次逐年增加，秋季减小；空间分布上发生频次从东向西递减。Zhang Z Z等（2019a；2019b）采用LDFAL和SDFAL指数等方法分析贵州烟草生长期旱涝急转事件，得出其在烟草成熟期发生率高。岳杨（2020）采用 LDFAL 和 SDFAL 指数计算得出鞍山近 55 年长周期旱涝急转指数下降。

1.2.1.4　旱涝急转事件灾害损害

当前，旱涝急转事件产生的灾害损害研究主要集中在对农作物生理特性、产量及区域生态环境等方面的研究。

袁静等（2008）基于测筒试验分析旱涝急转对水稻拔节孕穗期生理特性的影响，水稻叶片的光合速率、蒸腾速率和气孔导度在旱涝急转淹涝处理后均得以恢复；且这些指标在重度淹涝时呈下降趋势，轻度淹涝后期反而上升。邓艳和陈小荣（2013）采用室内模拟试验分析了旱涝急转事件对双季杂交稻生理特性的影响，旱涝交替胁迫初期，水稻净光合作用、蒸腾速率、气孔导度和胞间 CO_2 浓度均下降，而酶活性上升，胁迫结束后均缓慢恢复至正常水平。Zhu 等（2020）通过田间试验得出，旱涝急转会抑制水稻的光合作用。周西等（2012）基于先旱后涝处理对不同花生品种生理生化指标影响分析得出，一定强度的旱或涝胁迫均能提高花生叶片的抗氧化酶活性，复水后活性恢复对照水平。

Gao 等（2019）和 Huang 等（2019）通过 2016 和 2017 年两年田间试验，得出旱涝急转条件下水稻产量减产 13%～30%，其中重旱重涝组合下减产最为严重；对比单一干旱 / 洪涝处理，旱涝急转处理转涝阶段能补偿早期减产作用。熊强强等（熊强强等，2017a；Xiong et al.，2019）通过桶栽试验得出，超级杂交早稻分蘖期和幼穗分化期发生旱涝急转使产量分别下降 30% 和 43%。

邢栋等（2015）基于径流小区试验得出，旱涝急转下红壤坡地地表径流和 30 cm 壤中流磷流失呈现先增大后减小最终趋于稳定的趋势。胡利民等（2014）分析 2011 年旱涝急转事件对长江口表层沉积物地球化学特性影响得出，旱涝急转前后其空间分布差异性变化不大。Tian 等（2016）基于环境遥感卫星分析了我国长江流域旱涝急转事件对湿地大小的影响，结果表明研究区湿地大小变化趋势类似于该区域标准化降水指数的变化及其空间变异性。此外，Ji 等（2017）评估了淮北流域旱涝急转灾害阈值。牛建利等（2013）以巢湖市槐林镇为例开展 2010 年秋季到 2011 夏季长江流域的旱涝急转事件对"三产"的影响结果表明，旱涝急转事件对农业生产的影响最为严重，而对第二、第三产业基本无影响；但会产生生活用水不足，以及巢湖水位下降等生态问题。

1.2.2　旱涝事件对作物生长发育影响研究现状

目前，有关旱涝急转对作物生长发育的影响研究多集中于从不同生育期出发研究旱涝急转对水稻所造成的影响，对玉米研究较少。按照研究对象的不同，可以分为以外部形态特征为对象进行旱涝急转研究和以生理生化指标为对象进行旱涝急转研究（图1-5）。

图1-5　旱涝急转对农作物生长发育及产量影响的研究历程

1.2.2.1　旱涝急转对作物外部形态指标的影响

旱涝急转事件会影响农作物根、茎、叶等表型特征的生长，对于不同作物不同生育期会产生不同的影响，一定程度的旱涝急转则可以产生补偿或超补偿的作用，促进根数量的增加、茎和叶的伸长，超过作物承受的范围，则会产生旱涝叠加损伤效应（邓艳，2015）。旱涝急转发生在夏玉米幼苗—拔节期和抽雄—灌浆期均会造成果穗穗形变小，总粒数降低，进而造成不同程度的减产；籽粒产量与根系呈显著正相关特别是40cm层的根系（王梦珂，2020；Bi et al.，2020a）。

王峰等（2017）认为超过12天的干旱则不利于作物生长。袁静等（2008）认为，旱涝急转发生后，4天内浅水淹涝和深水淹涝对水稻根系的恢复和生长均有积极的作用，但超过7天则明显表现为抑制作用。这可能是因为作物不同其对水分胁迫忍受的能力也不同有关。旱涝急转胁迫发生后，植株具有一定自我调节能力和机制（孙百良等，2015），随着生育期的不同，植株相应部位的恢复能力也有所不同（程晓峰，2017）。

钟蕾等（2016）认为水稻苗期遭受干旱甚至严重干旱，若旱后及时复水，对秧苗素质并无太大影响，则有旱育秧的效果，若是重旱重涝急转，则会产生较大的损伤，旱后急转重涝损伤效应更明显。程晓峰等（2017）通过受旱和淹水池受涝等两种方式对水稻进行旱涝急转情景模拟试验，观测水稻生育期内的茎蘗、株高和生理特性等指标发现，在水稻的不同生育期发生旱涝急转事件其影响不同。当旱涝急转发生在水稻的分蘖期和拔节期时，对水稻生长有明显的补偿作用，而旱涝急转发生在水稻抽穗期时，补偿作用不明显。

玉米吐丝期和拔节期遭受干旱导致吐丝和抽雄较正常年份推迟，但对吐丝期的影响较大，对抽雄期的影响较小（方缘和张玉书，2018）。在拔节期和抽雄期对玉米进行胁迫处理，研究结果表明，干旱胁迫会使根长密度增大，迫使根系下扎，向深层土壤生长（陈鹏狮和纪瑞鹏，2018）。干旱会导致次生根的减少和降低最长根长，复水后，轻旱和中旱处理下，根系仍能够恢复生长，但干旱时间过长，玉米根系可能因长时间水分不足而凋亡，即使复水根系也不能继续生长。方缘等（2018）指出，干旱胁迫对植株茎的生长不利，并且干旱下叶片会加速枯萎，绿叶数减少，复水后，绿叶减少的速度变慢或者保持绿叶数不变。刘树堂等（2003）研究表明，作物遭受干旱后，会加速老叶片的水分向新叶片转移，造成老叶片缺水枯萎，绿叶数减少甚至死亡。任丽雯等（2019）认为，对于生长未定型的叶片，水分胁迫会造成玉米叶片生长受阻，导致叶片衰败速度加快，并且对生长后期的干物质转运不利。

1.2.2.2　旱涝急转对作物内部生理生化的影响

植物在经历水分胁迫时，体内会产生一系列的生理变化，除了会产生对自身有害的丙二醛以外，还会产生一系列的酶和渗透调节物质，并且当胁迫发生后，植物体自身会启动抗氧化防御系统（田再民等，2011），降低水分胁迫所带来的损伤，以应对外界条件改变和保护自身的生长，但随着胁迫程度加深或时间增长，同样也会对植株造成不可逆的伤害。当植株遭受水分胁迫时，植株体内会相应地产生羟基自由基和超氧阴离子自由基，并与位于细胞膜上的不饱和脂肪酸发生反应生成丙二醛，导致细胞膜流动性降低，并且透性增加（黄承玲等，2011），因此，丙二醛含量在植物经历逆境胁迫时具有很好的指示作用。当丙二醛含量升高时，超氧化物歧化酶和过氧化物酶产生，过氧化物通过氧化还原作用转换为毒害较低的物质，从而对植株起保护作用（田再民等，2011）。

水稻经历旱涝急转，内源激素含量波动较大，不做处理的试验组激素含量稳定性最好（袁静等，2008），作物经历旱涝急转事件后，体内生长抑制类激素积累，生长促进类激素的合成受到抑制（钟蕾等，2016）。周西等（2012）对不同花生品种设置旱涝急转试验，探究对其叶片的相对含水量、过氧化氢酶、过氧化物酶、超氧化物歧化酶、谷胱甘肽还原酶活性及丙二醛含量等的影响，试验得出：植物遭受干旱对叶片含水量的影响大于淹涝，且逆境使过氧化物酶、超氧化物歧化酶、谷胱甘肽还原酶、过氧化氢酶活性先升高，后逐渐降低；复水后可逐渐恢复至对照水平。干旱使丙二醛含量升高，复水后植物体内的丙二醛含量逐渐恢复到对照水平，而湿涝情境下，不能恢复至对照水平。袁静等（2008）研究表明：在旱涝急转发生后的短时间内，与浅水层淹涝相比，深水层的淹涝更能缓解水稻在前期干旱时的损伤，水稻在经历干旱后，会显著降低叶片的光合作用，复水后，光合作用缓解，随着淹水时间的增加，叶片的生理活动将受到抑制作用。Wang 等（2017）对大豆幼苗在旱涝胁迫下的细胞学反应进行研究，结果表明，在这两种胁迫下，与光合作用、RNA、DNA、信号转导和三羧酸循环有关的蛋白质在叶片、下胚轴和根系中均占主导地位，并且，在这两种胁迫下，三羧酸循环均受到抑制。

1.2.2.3 旱涝急转对作物产量的影响

作物产量由有效穗数、结实率、总粒数、百粒重(千粒重)等因子决定(邓艳等，2013)，由于以往研究者的试验材料、研究分析方法、作物生育期、旱涝急转强度的不同，研究所得结果出入较大。有研究表明（Huang et al.，2019），产量性状对旱涝急转的响应不单单是干旱和洪水的叠加效应，它们之间存在着正/负补偿的相互作用。尽管所得结论相差较大，但对于重旱重涝急转对产量有严重损伤的结论一致（熊强强等，2017b；邓艳等，2017）。

高芸等（2017）以不同程度的旱涝组合采用桶栽的方式研究水稻产量对旱涝急转事件的响应，并将旱涝急转试验组与单一干旱组、单一洪涝组和正常组进行对比，研究结果表明：重旱重涝相对于正常组对产量影响最不利，但并不是所有的旱涝急转对产量都是消减作用，也可表现为补偿效应，试验结果得出短期轻涝的旱涝急转组比长期重旱处理下结实率补偿了37.6%。

邓艳等（2017）在分蘖期和幼穗分化期对水稻分别进行旱涝胁迫处理，研究表明，处理区产量相对于对照组下降程度为：旱涝急转＞干旱不涝＞不旱淹涝，由此得出干旱较淹涝更不利于产量的形成。程晓峰等（2017）以水稻为研究材料，在水稻关键生育期进行旱涝急转试验，研究对其产量造成的影响，结果表明：拔节孕穗期发生旱涝急转对产量影响最大，其次是分蘖期，对抽穗扬花期影响最小。

熊强强等（2017a）对分蘖期和幼穗分化期进行旱涝急转处理，研究表明，与分蘖期相比，幼穗分化期发生旱涝急转对产量更不利，而旱涝急转下水稻产量下降的原因主要是总粒数降低所致，分蘖期发生旱涝急转产量下降还与有效穗数有关，而结实率降低也是导致幼穗分化期产量降低的一个重要原因。

1.2.2.4 旱涝急转对作物品质的影响

熊强强等（2017a）对水稻从外观品质、加工品质、蒸煮品质等方面进行研究，认为不同生育期对稻米品质影响不同，分蘖期发生旱涝急转对水稻品质影响小于幼穗分化期，水稻发生旱涝急转后，垩白粒率和垩白度相比对照组分别增加5.64%

和 20.39%，稻米的外观、加工及蒸煮等品质均表现出不同程度的下降。研究表明（陈亮，2015），抽穗期和孕穗期水稻经历干旱处理对稻米蛋白质含量和支链淀粉含量没有显著影响。黄天琪（2018）在玉米结实期进行高温与水分胁迫试验，结果表明，高温与水分胁迫对糯玉米表现出显著的叠加损伤效应，果实中总蛋白含量增加，淀粉含量降低，干旱对籽粒中微量元素 S、Cu、Ca 含量影响较小，Fe、Mn、Zn 含量等在胁迫下增加显著。

1.2.2.5　极端旱涝对玉米生长的影响

玉米是一种喜光喜热，对水分变化十分敏感的农作物（Zhou et al.，2011）。目前，有关玉米在极端气候条件下的研究多从干旱（Westgate，1994；Wang et al.，2003；Riccardi et al.，2004）、涝渍（Dennis et al.，2000；Zaidi et al.，2003）及旱后复水（Wang et al.，2018）等方面进行开展，旱涝急转等方面的研究尚不多见。前人研究结果表明（Moser et al.，2006），对于玉米胁迫试验，其产量受胁迫强度、持续时间、作物品种及发育阶段等因素的影响。

一般认为，苗期玉米经历适当干旱有利于蹲苗，促进根系向深层土壤生长，并能提高产量，抽雄—灌浆期发生干旱对产量的不利影响最大（王峰等，2017；陈鹏狮和纪瑞鹏，2018）。有研究表明，干旱发生在玉米开花期对产量影响极其不利，而对于其他生长阶段，水分亏缺所带来的影响并没有那么剧烈（Schoper et al.，1986；Oikeh et al.，1998；Sandhya et al.，2010），开花期前干旱主要影响玉米籽粒数和千粒重（Schreiber et al.，1962）。中旱处理下，玉米的根和叶的生长会受到抑制，但在中旱条件下，相比于根系，叶片受到的抑制作用更大（Traore et al.，2000）。夏玉米经历干旱后，生长缓慢，生长速率降低，对于已经停止生长的成熟期叶片，干旱则会抑制光合作用的进行。有研究表明，干旱大部分破坏作用与植物的光合作用过程有关（Pelleschi et al.，1997）。张智郡和刘海军（2018）研究认为，当土壤中含水率低于 0.15 cm³/cm³ 时，玉米耗水量仅为充分供水条件下耗水量的 1/3，并认为抽雄期充分灌水有利于玉米高产。

干旱在玉米营养生长阶段对产量造成的影响小于生殖阶段，而涝渍发生在苗期至抽雄期对玉米的影响较大。这是因为，在生长后期，根系在一定程度上可以耐受较多的水分（Lynch et al.，2014）。涝渍对玉米的影响主要是由于发生涝渍过程中，过量的水分会导致根区缺氧，根部生长条件恶劣，导致作物地上部分的生长与发育受阻，从而造成产量降低。研究表明，当根系暴露在渍水环境中超过几个小时，根系就会极度缺氧（Huck，1970）。同时，涝渍过程中还伴随着二氧化碳浓度过高，乙烯及厌氧呼吸的有毒产物的产生（Huck，1970）。在淹水条件下，根系对营养物质，特别是氮磷钾及水分的吸收会受到限制（Bhattarai et al.，

2006）。涝渍同时还会造成植株体内激素失衡，并且由于涝渍过程中田间湿度大，将会导致农田内病虫害流行，从而加重对产量的影响（Drew and Sisworo，1979）。有研究表明（Mason et al.，1984），玉米早期对涝渍非常敏感，随着植物的生长，这种敏感性大大降低。Singh 等（1985）对播种后 20 天的玉米进行涝渍试验，产量下降了18%，但是对播种后 40 天的玉米进行相同的处理只造成了 4%的产量损失。

对播种后 12 天的玉米停水 12 天后补水，在干旱胁迫下，生长受到抑制，恢复供水后，逐渐恢复生长（Wang et al.，2018）。与轻旱相比，中旱主要损伤玉米的光合作用，尤其是在开花—灌浆期损伤更为严重，即使复水也难以恢复其光合速率，轻旱对玉米侧根有显著的促进作用，中旱则显示为抑制作用，复水之后，对轻旱和中旱玉米侧根系发育有显著的促进作用（Efeoğlu et al.，2009；何静丹和文仁来，2017）。

一般来讲，干旱和洪涝两种极端气候条件对玉米的生长都是不利的，而旱后复水处理复水后对前期干旱有明显的缓解作用，甚至起促进作用。与干旱、洪涝及旱后复水不同的是，旱涝急转则是由干旱和洪涝两种极端气候条件在短时间内急速转换造成的新型极端旱涝事件，作物在经历旱胁迫后立即转入涝胁迫，由于旱涝急转事件的复杂性，在已开展的研究中，旱涝急转对作物的影响机理尚不清楚，已有的极端气候下对玉米的研究无法用来揭示旱涝急转对其造成的影响，因此，开展旱涝急转对玉米生长发育的影响试验刻不容缓，这将为极端气候变化条件下提供局部适应策略。

1.2.3　旱涝事件对土壤 - 作物生态系统中磷素影响研究现状

土壤中磷的迁移转化主要通过三种途径：土壤侵蚀养分随地表径流流走、作物吸收通过生物量（产量）输出，以及淋溶作用下进入地下水（Maranguit et al.，2017）。作物在生长和发育需要磷来合成 ATP、DNA、膜和各种酶（Wakelin et al.，2004；Sun et al.，2012；Bashan et al.，2013；Yadav et al.，2015）。土壤中能被作物吸收利用的磷是正磷酸盐，因此土壤速效磷（有效磷）含量对作物生长发育尤为关键（Dadrasan et al.，2015；Everaarts et al.，2015；Privette and Smink，2017）。干旱和洪水等极端气候变化将影响磷循环，进而影响农业生产和水质（Duran et al.，2016；Mouradi et al.，2016；Zhao et al.，2018）。结合本书的研究主题，重点梳理旱涝事件对土壤、作物及径流中磷素的影响研究。

1.2.3.1　旱涝事件对土壤中磷素影响

自然条件下，磷主要富集在表层土壤中，而表层土在干旱过程中最先受到影响（Lambers et al.，2008；Suriyagoda et al.，2014）。研究表明，长期干旱会使土壤中速效磷含量增加（Delgado-Baquerizo et al.，2013；Yue et al.，2018）。Yue 等（2018）通过大量文献数据梳理得出，土壤中磷含量主要受微生物和作物影响，干旱发生后，微生物死亡释放磷，作物磷吸收减少，增加土壤中磷含量。Blackwell 等（2009）研究表明，土壤干旱导致微生物数量减少，但与土壤渗滤液中磷的增加并无直接联系。Turner 和 Haygarth（2003）研究表明干旱对土壤中水溶性磷的含量影响巨大，主要通过影响微生物活动和土壤团聚体结构体现。长期干旱致使土壤速效磷增加的主要原因可归结为三个方面：①磷的物理风化增强；②微生物细胞破裂或死亡导致的可溶性磷的释放；③大的土壤团聚体破碎引发的土壤有机质降解。

洪涝也会增加土壤中速效磷的含量（Cao et al.，2008）。Unger 等（2009）通过温室和田间试验研究发现，洪涝会改变微生物量，尤其是好氧菌数量会减少，土壤中养分随之发生变化。Maranguit 等（2017）研究表明洪涝对表层土壤中磷的影响比较大，洪涝能促进土壤中磷的溶解，土壤中速效磷增加。同时淹水厌氧环境造成土壤孔隙度增大，磷的转化速度加快。Rakotoson 等（2014）通过对稻田土淹水试验，得出洪涝使土壤中速效磷增加是由于含三价铁的磷矿化物淹水后通过还原反应释放磷。De-Campos 等（2012）通过 1、3、7 和 14 天的淹水试验，得出淹水时间越长，土壤中磷素增加量越多。Vourlitis 等（2017）研究表明洪涝能使土壤中速效磷的含量提高 10 倍。Quintero 等（2007）通过对美索不达米亚地区稻田土淹水试验研究，得出土壤磷的变化主要与土壤有机碳、pH、可溶性铁和弱吸附铁有关。Tang 等（2016）研究得出土壤中水溶性磷与无定形铁的溶解度有关。Gao 等（2016）研究发现土壤总磷与容重呈正相关，速效磷与土层深度呈正相关。洪涝使土壤磷素增加的原因主要有：①通过微生物活动释放磷；②土壤有机质矿化过程加剧，促进磷的释放；③土壤 pH 增加，铁磷酸盐溶解量增大；④土壤孔隙度增大，磷循环加快，速效磷形成周期缩短。

此外，还有一些研究集中在干旱复水、干湿交替过程。Sun 等（2017a；2017b；2018）研究表明干旱复水过程中干旱程度越大，土壤中速效磷含量越高，中度的土壤干旱后复水对磷的矿化作用影响不大。Wei 等（2012）对干湿交替过程研究，得出干湿交替过程加速土壤有机质分解，增加土壤矿化，进而使土壤中磷含量短期内增加。Khan 等（2019）试验研究表明，干旱复水中干旱程度越大，对微生物量影响越大，土壤速效磷含量增加，磷的淋洗作用增强。Dinh 等（2016）研究发现，干湿交替过程土壤细菌和真菌会释放磷。干旱复水 / 干湿交替通过影响微生物的存活和活动（Yevdokimov et al.，2016；Chen et al.，2016），改变土壤团聚体结构（Harrison-Kirk et al.，2014），加速有机物分解（Kjñrgaard et al.，

1999；De Troyer et al.，2014），增强土壤磷矿化能力（Qiu et al.，2004；Gordon et al.，2008；Tang et al.，2014；Dinh et al.，2016；Gua et al.，2018），从而短期内促进土壤速效磷的形成。针对旱涝急转对土壤磷素影响的研究很少。毕吴瑕（2020）通过大田试验研究，得出轻度和中度旱涝急转的发生均会增加土壤中解磷细菌和解磷真菌的相对丰度，土壤磷素流失量增加（Bi et al.，2020b）。

1.2.3.2　旱涝事件对作物中磷素影响

长期干旱会抑制植物对磷的摄取（He and Dijkstra，2014；Yue et al.，2018）。Dadrasan 等（2015）通过对作物缺水条件下生长状况研究得出，干旱会刺激作物根系生长，吸收土壤中因干旱增加的速效磷。Suriyagoda 等（2014）总结了缺水条件对作物磷吸收的影响，得出干旱促使地表根系死亡，进而影响作物对磷的吸收，而土壤中的速效磷含量并未减少。Marschner 等（2011）研究表明，根际微生物以及铁对土壤中磷的迁移转化以及作物根系磷的吸收影响显著。Dijkstra 等（2015）通过 ^{32}P 同位素示踪的方法研究干旱条件下作物和土壤微生物对磷的吸收，研究发现，微生物对磷的吸收比植物对磷的吸收受干旱影响更大。Suriyagoda 等（2014）总结大量研究得出，干旱会减少土壤水力传导率，增加根系－土壤－空气距离，进而导致根系的曲折度增加，物质流传输减慢。长期干旱促使植物磷吸收受限的机制有：①土壤中磷迁移转化效率降低（Esptein，1989；North and Nobel，1997）；②微生物磷吸收减少（Hinsinger，2001）；③植物水势降低（Larcher，2003；Germ and Gaberščik，2016）；④根的曲折度增加，减少了物质流传输（Suriyagoda et al.，2010；Suriyagoda et al.，2011）。

洪涝反而会增加植物磷的吸收，主要是因为洪涝条件下土壤中速效磷的含量增加（Cao et al.，2008）。Li 等（2018）通过稻田干湿交替淹水试验得出，干湿交替过程能增加酶活性，土壤中速效磷随之增加，进而可供作物吸收的磷的含量增加，灌浆后期能加速水稻对磷吸收。旱涝急转事件对作物中磷素的影响尚未明晰。

1.2.3.3　旱涝事件对径流中磷素影响

土壤磷素在径流中的流失除受土壤本底磷含量、施肥量等因素的影响外，降雨强度、降雨量等气象因素对于磷流失也具有显著的影响作用。

Xiao 等（2013）研究表明，水稻田面水的磷负荷在淹水初期较高，随着淹水时长增加而降低。黄荣等（2011）研究得出田面水层深度与雨后地表水总磷质量浓度呈负相关关系。洪林等（2011）以湖北省漳河灌区的玉米和水稻农田为研究对象，发现农田地表径流磷流失量与降雨强度成正比。

马琨等（2002）研究表明，红壤坡面的磷素在降雨强度较低时主要以水溶态形式流失，降雨强度较大时主要以泥沙结合态流失。曾远等（2007）通过野外试验和定点监测得出，暴雨期平原河网农田系统磷素主要以溶解态形式流失，且降雨强度与磷流失量呈正相关。罗春燕等（2009）通过紫色土坡耕地野外试验小区人工降雨试验得出，降雨强度低时，磷素因无地表径流和土壤侵蚀发生而不流失；降雨强度高时，磷素主要随泥沙侵蚀而流失，且磷素的流失总量随雨强增大而增加。

王超等（2013）通过连续野外监测紫色土丘陵山区典型农业－集镇－林地复合小流域的降雨－径流过程发现，土壤侵蚀是前期径流中磷素的主要来源，且以颗粒态流失为主。陈志良等（2008）在广州流溪河新田小流域开展的不同暴雨径流过程对土地磷流失的影响研究，也发现径流中磷流失以颗粒态为主，且磷浓度在降雨初期与末期最大。杨帆等（2016）分析发现龙泓涧流域暴雨径流过程中各形态磷素的平均浓度与降雨量、降雨历时、最大降雨强度和平均降雨强度均呈正相关。

1.2.4　存在问题

旱涝急转事件频发将严重威胁社会经济的健康持续发展，也会给生态环境治理带来更加严峻的考验。当前针对旱涝急转事件的研究仍处于发展阶段，主要围绕旱涝急转的定义标准、成因分析、演变特征、灾害损害等展开，尚有以下几个方面的问题亟待解决：旱涝急转与旱后复水、干湿交替等的区别有哪些？结合生产实践的旱涝急转标准如何确定？旱涝急转对作物生长发育有什么影响？旱涝急转事件对生态系统中污染物迁移转化的影响如何？对生态环境会造成什么效应？又如何应对？

（1）结合生产实践的旱涝急转标准的确定

旱涝急转事件中包含干旱和洪涝两个重要元素，关于干旱的评价方法，根据学科分工不同有气象、水文、农业、生态、社会经济等理论；关于洪涝的评价方法，主要采用降雨、入渗等参数进行考量。如何将干旱和洪涝评价方法统一到旱涝急转的判别中，并且结合生产实践给出相应的判别方法，对旱涝急转机理与影响机制的深入研究尤为关键。

（2）旱涝急转事件对农田生态系统中磷素迁移转化的影响

以往研究大多针对单一受涝或单一受旱等极端水文事件对流域污染物迁移转化、地表水环境质量等方面的影响，特别是受涝条件下的研究较多；但是针对旱涝急转事件对农田土壤营养元素迁移转化、作物吸收利用及土壤磷素流失等影响的研究相对较少。因此，开展旱涝急转下典型农田生态系统磷素迁移转化等相关研究对于生态流域建设、灾害应对、水环境污染预防等具有重要意义。

（3）旱涝急转事件对作物生长及生态环境的影响及应对

如何获取旱涝急转下作物生长及生态环境的关键参数，依据这些参数评估和预估旱涝急转事件对流域/区域作物生长及生态环境的影响，提出应对方案并评估实施效果，进一步提出针对性的应对措施，对于流域灾害应对、环境管理及区域可持续发展等意义重大。

1.3　本书主要内容

针对已有旱涝急转研究中存在的不足，本书拟提出一套适用于农业生产实践的旱涝急转等级划分方法，计算并分析皖北平原历史和未来旱涝急转事件演变特征；通过田间情景模拟试验，探索旱涝急转事件对典型农田生态系统磷素迁移转化的影响机理，分析其对作物生长和水环境的影响效应并提出应对措施。具体包括以下5个方面的研究内容：

（1）旱涝急转评价及影响的理论与技术框架

旱涝急转评价及其对磷素迁移转化影响的理论与技术框架主要包括5个方面：旱涝急转的内涵及特征、判别方法、驱动机制、影响机理和应对措施。其中，从水循环角度明晰旱涝急转事件在水文、气象和农业上的内涵，并与干湿交替、旱后复水等进行特征区分；从气候变化、下垫面条件和人类活动等因素解析旱涝急转驱动机制；结合生产实践，基于连续无雨日、土壤相对湿度和降雨入渗量等指标构建旱涝急转事件的判别方法并评价研究区域的旱涝急转事件特征；基于已有的针对旱涝事件对磷素影响研究，提出旱涝急转对磷素迁移转化的影响假设，通过田间情景模拟试验进行修正；通过试验获取关键参数，评价旱涝急转对研究区域夏玉米产量和水环境中磷素的影响，设置应对方案并评估实施效果，提出应对措施。

（2）皖北平原旱涝急转事件评价及演变特征

基于提出的结合生产实践的旱涝急转事件的判别方法，确定皖北平原旱涝急转事件的评价标准，分析皖北平原1964～2017年和2020～2050年不同季节（春季、夏季、秋季和全年）和不同程度（轻度、中度和重度）的旱涝急转事件演变特征，并对比气候突变点1993年前后旱涝急转事件的时空分布变化。

（3）旱涝急转事件对夏玉米生长发育的影响机理

基于皖北平原旱涝急转特性，设置旱涝急转情景控制试验，获得夏玉米不同生育阶段–旱涝急转组合情景（两个生育阶段：幼苗—拔节期和抽雄—灌浆期，四种旱涝急转情景：轻旱—轻涝、中旱—轻涝、轻旱—中涝和中旱—中涝）对夏玉米根、茎、叶、果实生长发育的影响，解析旱涝急转事件对夏玉米生长发育的影响机理。

（4）旱涝急转下夏玉米农田系统磷素迁移转化机制

获取夏玉米不同生育阶段 – 旱涝急转组合情景下土壤水分、土壤结构（机械组成、总孔隙度和水稳性大团聚体）、基本化学参数（pH 和有机质）、土壤微生物群落（细菌、真菌、古菌和宏基因组）等数据，以及土壤（速效磷和全磷）、夏玉米器官（磷含量和磷吸收）、地表径流（总磷、可溶性磷和颗粒态磷）中不同形态磷素含量和占比，分析各理化生因子间的相关关系和因果路径关系，定性定量识别旱涝急转对夏玉米农田系统磷素迁移转化过程的影响机理。

（5）旱涝急转的灾害效应及应对措施

获取不同旱涝急转情景下夏玉米产量变幅以及土壤磷素流失比例等关键指标，识别旱涝急转对夏玉米生长和水环境的影响效应。基于试验结果，结合研究区域旱涝急转事件演变特征，评估旱涝急转对皖北平原历史和未来夏玉米生长(产量变幅)以及水环境中磷素（土壤磷素流失比例）的影响。提出调控方案并评估实施效果，进而提出应对措施。

第 2 章 旱涝急转评价及影响的理论与技术框架

2.1 总体理论与技术框架

旱涝急转事件判别及其对磷素迁移转化影响的总体框架包括基础数据、内涵特征、驱动机制、定量评价、影响评价及应对措施六个层面（图 2-1）。明晰旱涝急转内涵、特征和驱动机制是旱涝急转研究的理论基础；分析旱涝急转事件的演变特征并评估其灾害损害可为旱涝急转的影响研究提供科学依据；基于影响机理，设置应对方案并评估实施效果，进而提出应对措施，可为旱涝急转事件的应对提供理论与技术支撑。

基础数据层以流域/区域气象、水文、水资源、地理信息与社会经济等数据为基础，构建数据库。

内涵特征层以水循环理论为指导，从水文、气象、农业等角度阐释旱涝急转内涵及特征，重点与干湿交替、旱后复水进行区分。

驱动机制层从气候变化、下垫面条件和人类活动等方面解析旱涝急转的形成机制。

定量评价层综合气象和农业层面提出旱涝急转事件的定量评价方法，从发生频次、强度及空间分布等方面分析历史旱涝急转事件的演变特征；通过 RCPs 排放情景和 CMIP5 气候模式预估未来旱涝急转事件的演变规律。

影响评价层以旱涝急转事件的演变特征为基础，通过田间情景模拟试验，监测土壤和作物理化生指标以及径流特征，剖析旱涝急转事件对作物生长和农田磷素迁移转化的影响机理，并计算磷素迁移转化比例；获取作物生长参数和土壤磷素流失比例等关键指标，结合流域/区域历史和未来旱涝急转演变特征，估算旱涝急转对研究区域作物产量和水环境中磷素的影响大小。

应对措施层以旱涝急转事件演变特征为基础，以旱涝急转事件对磷素迁移转化影响为指导，提出应对方案并评估实施效果，进而提出针对性的旱涝急转事件应对措施。

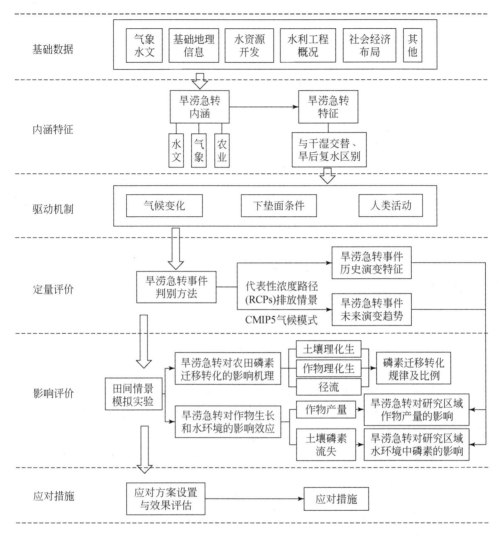

图 2-1 旱涝急转事件判别及其对磷素迁移转化影响总体理论框架

2.2 旱涝急转内涵及特征

旱涝急转强调旱和涝两个极值在短时期内发生迅速转换的过程，其发生受流域/区域气象和农业需水等综合因素的影响。旱涝急转事件广义上指旱转涝事件和涝转旱事件，狭义上仅指旱转涝事件。本书重点研究旱转涝事件。从水文学来看，旱涝急转的干旱阶段河湖水库水位低、流量小，洪涝阶段则出现水位高、流量大的现象；从气象学来看，旱涝急转的干旱阶段指长时间无降水或降水偏少到达一定的旱情等级,洪涝阶段则指流域/区域突遇强降水;从农业角度来看,旱涝急转干旱期的主要特征表现为持续干旱使土壤相对湿度低于适宜作物生长所需值,洪涝期则出现土壤相对湿度由低值迅速转为高值的现象(图2-2)。

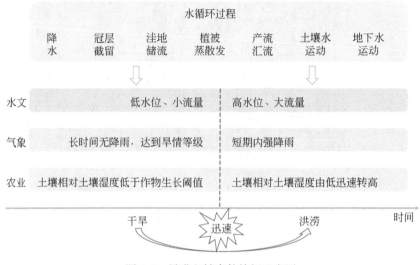

图2-2　旱涝急转事件特征示意图

旱涝急转与干湿交替和旱后复水等有本质上的区别。根据词典定义,干湿交替指土壤经反复日晒和水浸过程。湿润土壤干燥后,土粒周围的孔隙水散失,土壤胶体依附在颗粒上,土体收缩;浸水后,孔隙水充满,土体膨胀。如此反复干湿作用,使土体变得疏松,致使土壤理化性质得到改善。旱后复水多指植物受到干旱胁迫后进行水分补给。复水后植物生长可能有补偿/超补偿效应,也有可能因干旱胁迫严重生长受损不可逆,主要与干旱胁迫强度、时间和胁迫时期有关(李绍军,2009;李嫱,2012)。干湿交替和旱后复水对于干和湿的过程没有严格的阈值限定,而旱涝急转对于旱和涝均有一定的阈值限定,且更强调其潜在的灾害性。

2.3　旱涝急转判别方法

目前国内评价流域/地区旱涝急转常用的方法是长周期旱涝急转指数法和短周期旱涝急转指数法,该方法主要用于定量识别夏季流域/地区旱涝急转事件发生的频次,未推广到其他季节,且以月尺度和旬尺度研究未能很好体现旱涝急转过程中“急”的程度。

依据旱涝急转在水文、气象和农业上的定义,为研究旱涝急转对农田生态系统的影响,基于前人提出的基于降水数据的日尺度旱涝急转判别方法(黄茹,

2015），本书综合气象和农业方面指标从日尺度来判别流域／地区旱涝急转。计算公式如下：

$$\mathrm{DFAA_L} = \begin{cases} \sum_{j-i}^{j} P_{\mathrm{d,l1}} = 0, \ W_{\mathrm{d,l1},m} = \dfrac{\theta_{\mathrm{d,l1},m}}{F_{\mathrm{C}}} \times 100 \\[4mm] \sum_{j}^{j+n-i} P_{\mathrm{f,l2}} \end{cases} \qquad (2\text{-}1)$$

式中：$\mathrm{DFAA_L}$，旱涝急转等级；i，干旱持续天数，用来判定干旱等级 l1；j，开始降雨日；$P_{\mathrm{d,l1}}$，有效降水量；$W_{\mathrm{d,l1},m}$，第 m 天的土壤相对湿度（%），$j-i \leqslant m < j$，用来判定干旱等级 l1；$\theta_{\mathrm{d,l1},m}$，第 m 天的土壤平均重量含水量（%）；F_{C}，土壤田间持水量（%）；n，连续降水天数；$P_{\mathrm{f,l2}}$，从开始降水日第 j 天持续 n 天的降水量总和，与降水量阈值比较用以判定洪涝等级 l2。由干旱等级 l1 和洪涝等级 l2 可判断旱涝急转等级 $\mathrm{DFAA_L}$，且可得出旱涝急转事件干旱开始的日期是第 $j-i$ 天，洪涝开始的日期是第 j 天，干旱持续时长 i 天，连续降水持续时长 n 天。

式中干旱等级 l1 采用连续无雨日数和土壤相对湿度来判别。根据《旱情等级标准》（SL424-2008）（中华人民共和国水利行业标准，2008），农业旱情指标中包括连续无雨日数、土壤相对湿度、降水量距平百分率、作物缺水率和断水天数。其中，雨养农业区适用指标包括土壤相对湿度、降水量距平百分率和连续无雨日数；灌溉农业区水浇地适用指标包括土壤相对湿度和作物缺水率。土壤相对湿度评价标准与《气象干旱等级》（GB/T 20481-2006）中的土壤相对湿度干旱指数计算方法相同。式中洪涝等级主要依据干旱结束后 5 日内降水量来判定。

连续无雨日数指连续无有效降水的天数，《旱情等级标准》中连续无雨日数旱情等级划分见表 2-1。

表 2-1　连续无雨日数旱情等级划分表

季节	地域	不同旱情等级的连续无雨日（d）		
		轻度干旱	中度干旱	严重干旱
春季（3～5月）	北方	15～30	31～50	＞50
	南方	10～20	21～45	＞45
夏季（6～8月）	北方	10～20	21～30	＞30
	南方	5～10	11～15	＞15
秋季（9～11月）	北方	15～30	31～50	＞50
	南方	10～20	21～45	＞45
冬季（12～2月）	北方	20～30	31～60	＞60
	南方	15～25	26～45	＞45

降雨过程中，一般采用 10 ～ 20 cm 或 0 ～ 40 cm 深度的土壤相对湿度作为旱情评估指标。相应计算公式和旱情等级划分如下（表 2-2）：

$$W = \frac{\theta}{F_C} \times 100 \qquad (2\text{-}2)$$

式中：W，土壤相对湿度（%）；θ，土壤平均重量含水量（%）；F_C，土壤田间持水量（%）。

表 2-2 土壤相对湿度旱情等级划分表

旱情等级	轻度干旱	中度干旱	严重干旱
土壤相对湿度（W）	$50\% < W \leqslant 60\%$	$40\% < W \leqslant 50\%$	$W \leqslant 40\%$

降水过程中降水量远超过入渗量（降雨量与降雨入渗系数的乘积）时，则认为发生洪涝。旱涝急转事件的重要特征是由干旱到洪涝的突变，降水过程历时短、强度大。在确定旱涝急转事件中入渗量的阈值时，降水量取年最大日降水量的多年平均值。当一次降水量超过一定倍数的入渗量阈值即降水量阈值时，则认为发生洪涝。具体计算公式如下：

$$L_n = k\alpha P_n \qquad (2\text{-}3)$$

$$k = k_0 + l + \beta(n-1) \qquad (2\text{-}4)$$

式中：L_n，降水量阈值（mm），与降水日数和洪涝等级有关；k，洪涝等级系数，与流域/区域洪涝特性和洪涝等级相关；α，降雨入渗补给系数；P_n，年最大日降水量的多年平均值（mm），与流域/区域降水特性相关；n，连续降水天数；k_0，洪涝系数，与流域/区域洪涝特性相关；l，洪涝等级；β，待定系数，与洪涝等级相关。

综合式（2-1）～式（2-4），可得出流域/区域气象和农业上不同等级旱涝急转事件的评判标准。表 2-3 列出了旱涝急转的不同组合类型，并分为轻度、中度和重度旱涝急转。

表 2-3 旱涝急转事件组合类型

等级	轻涝	中涝	重涝
轻旱	轻旱—轻涝	轻旱—中涝	轻旱—重涝
中旱	中旱—轻涝	中旱—中涝	中旱—重涝
重旱	重旱—轻涝	重旱—中涝	重旱—重涝

注：浅灰色代表轻度旱涝急转组合，中灰色代表中度旱涝急转组合，深灰色代表重度旱涝急转组合。

2.4 旱涝急转驱动机制

旱涝急转事件主要受到气候变化、下垫面条件和人类活动等因素的影响，进而造成损失损害。

（1）气候变化

旱涝急转事件形成的直接原因是降水的异常，而降水的形成与大气环流模式紧密相关。伴随着大气系统、陆面系统以及社会经济系统之间的水汽输送和水的形态的转化，在一定区域内形成了一种相对稳定的大气环流状态。大气系统受到干扰，均衡状态被破坏，引发大气环流异常。大气环流模式利于低层辐合和上升气流的形成，则区域降水充沛易形成洪涝；大气环流模式利于低层辐散和下沉气流的形成，则区域降水偏少易发生干旱。大气环流的异常导致区域环流场由辐散过程急剧转变为向辐合过程，造成该区域由前期降水偏少突然转变为遭遇强降水过程，使该区域遭受了干旱和洪涝共同侵袭并造成叠加损失。

气候变化影响下，温室气体排放和辐射强迫增加导致大气的动力和热力过程发生变化，引发大气环流的异常，流域极端水文事件随之增加，旱涝急转事件的频次、空间分布等均发生改变。降水、温度、湿度、风速和光照等气象要素的变化将对土壤水入渗补给、蒸发和作物蒸腾产生影响，当土壤水分供应不足或蒸散发作用过强，缺水量超过作物的承受能力时则发生干旱；当降水偏多不能及时向外宣泄时则发生洪涝。受自然节律的影响旱涝急转事件时有发生。旱涝急转发生影响土壤水分和养分变化，从而对作物生长和水环境造成影响。

（2）下垫面条件

下垫面条件对旱涝急转事件发生的频率、强度及时空分布特征存在着显著影响。水循环的陆面过程对旱涝急转事件的驱动机制主要包括两个方面：一是通过影响区域的蒸散发直接影响水分支出；二是陆面过程本身对水汽的正常输送产生影响，进而影响降水。蒸散发分为植被截留蒸发、植被蒸腾、土壤蒸发和水面蒸发四种类型，由于不同区域的下垫面构成及性质不同，相应的蒸散发量也有所不同。而地理位置、地形地貌、地表覆盖等因素则通过影响水汽的正常输送使降水产生异常，另外下垫面条件的变化也会改变区域的产汇流特征，进而影响旱涝急转事件的发生、发展过程并改变其产生的影响。

同时，旱涝急转事件的发生也将对区域的下垫面状况产生一定影响。前期干旱导致地表径流减少，长时间的干旱导致土壤含水量下降、区域地下水位逐渐下降，包气带厚度不断增加，地下水补给困难。强降水事件突然发生后，包气带的土壤含水量急剧增加。急剧的旱涝转变破坏土壤的孔隙结构和稳定性，使土壤的持水能力逐渐减弱，多次遭遇旱涝急转使土壤耐旱持久力下降。

（3）人类活动

人类活动对旱涝急转事件有双向驱动作用：一方面人类生产生活使供需水失衡会加剧旱涝急转；另一方面可通过人工干预缓解旱涝急转。人类活动通过社会经济系统直接排放的大量温室气体，影响太阳辐射与地面辐射能量的时空分布，进而引起全球和区域气候的变化；同时，城市化进程也会改变下垫面条件，在人类活动影响下区域降水和蒸散发的长期均衡状态被打破，诱发或加剧旱涝急转。然而，人类通过城市化、农业耕种、水土保持等水土资源开发利用活动改变地面蒸散发通量的时空分布以及流域的产汇流机制，进而影响区域大气系统水汽平衡和供需水平衡。还通过防洪和供水等水利工程体系的建设，对旱涝急转事件具备了一定的人工干预能力，能有效降低旱涝急转事件的发生频率，减少灾害损失。

2.5　旱涝急转对农田作物生长和磷素迁移转化的影响机理

研究旱涝急转对农田生态系统中作物生长和磷素迁移转化的影响机理，需结合研究区域旱涝急转特性，设置情景试验，监测旱涝急转下农田生态系统中理化生性质的变化，梳理各因子之间作用的因果路径关系，得出旱涝急转下农田生态系统中磷素变化的原因；计算各组分磷素变化比例，得出旱涝急转下农田生态系统中磷素迁移转化的规律；基于试验结果分析旱涝急转对作物生长和水环境的影响，进而估算旱涝急转事件对研究区域作物生长和水环境的影响大小；针对旱涝急转事件影响，针对性地提出应对措施。

2.5.1　旱涝急转对农田磷素迁移转化影响分析

干旱、洪涝、干湿交替、旱后复水等活动均会对农田土壤磷素转化产生影响，同时也会影响作物对磷素的吸收，旱涝急转对土壤磷素转化和作物对磷素吸收的影响尚未明晰。基于已有的旱涝事件对农田系统磷素的影响，针对旱涝急转对农田系统磷素的影响提出科学假设，后续通过试验进行修正（图2-3）。即假设旱涝急转发生使土壤速效磷含量增加，旱涝急转中干旱和洪涝等级高时，作物根系死亡数量增多，当干旱等级大于洪涝等级时，作物磷吸收减少，当干旱等级小于洪涝等级时，作物磷吸收前期可能增加，后期减少，这些变化进一步影响作物生长和水环境质量。

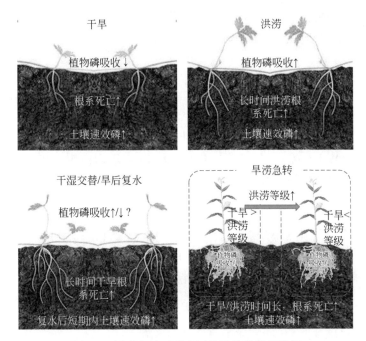

图 2-3　旱涝急转下磷素迁移转化科学假设图

　　旱涝急转对农田磷素转化的影响即是旱涝急转与自然对照组相比各形态磷素比例的变化。同时，外界磷添加量固定的情况下，土壤中磷素基底值储量一定，在作物生长不同阶段磷素在农田系统各组分中的占比可通过计算获得。旱涝急转对农田磷素迁移的影响即是旱涝急转与自然对照组相比农田系统各组分磷素占比的变化量。具体概念图见图 2-4，图中各变量的含义参见式（2-5）～式（2-13）。

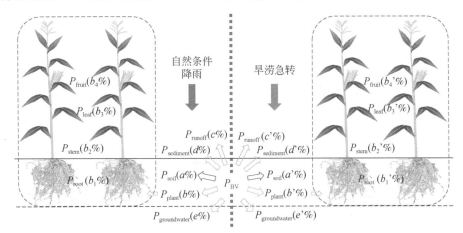

图 2-4　旱涝急转对农田磷素迁移转化影响概念图

图 2-4 主要对比自然条件降水和旱涝急转后土壤磷素基底值储量在农田系统中土壤、作物、地表径流、壤中流和地下水等各组分中的占比变化,来分析旱涝急转对磷素迁移的影响。

土壤磷素基底值储量依据式(2-5)计算:

$$P_{BV} = PC_{BV} \times \rho \times d_{soil} \times A_{plot} \times 10 \qquad (2-5)$$

式中: P_{BV},土壤磷素储量基底值(mg);PC_{BV},土壤磷素浓度基底值(mg/kg);ρ,土壤容重(g/cm^3);d_{soil},土层厚度(cm);A_{plot},农田面积(m^2)。

式 2-6 用来计算自然降雨/旱涝急转后土壤中磷素储量:

$$P_{soil} = PC_{soil} \times \rho \times d_{soil} \times A_{plot} \times 10 \qquad (2-6)$$

式中: P_{soil},自然降雨/旱涝急转后土壤中磷素储量(mg);PC_{soil},自然降雨/旱涝急转后土壤中磷素平均浓度(mg/kg)。

自然降雨/旱涝急转后作物中磷素储量:

$$P_{plant} = P_{root} + P_{stem} + P_{leaf} + P_{fruit} \qquad (2-7)$$

即

$$P_{plant} = (PU_{root} + PU_{stem} + PU_{leaf} + PU_{fruit}) \times n_{plant} \qquad (2-8)$$

式中: P_{plant},作物中磷素储量(mg);P_{root},作物根系中磷素储量(mg);P_{stem},作物茎中磷素储量(mg);P_{leaf},作物叶中磷素储量(mg);P_{fruit},作物果实中磷素储量(mg);PU_{root},作物根系磷吸收(mg/株);PU_{stem},作物茎磷吸收(mg/株);PU_{leaf},作物叶磷吸收(mg/株);PU_{fruit},作物果实磷吸收(mg/株);n_{plant},作物株数(株)。

自然降雨/旱涝急转地表径流中磷素储量可依据式(2-9)计算:

$$P_{runoff} = PC_{runoff} \times Q_{runoff} \times t \times 10^3 \qquad (2-9)$$

式中: P_{runoff},自然降雨/旱涝急转地表径流中磷素储量(mg);PC_{runoff},自然降雨/旱涝急转地表径流中磷素平均浓度(mg/L);Q_{runoff},自然降雨/旱涝急转过程中地表径流平均流量(m^3/s);t,降雨历时(s)。

自然降雨/旱涝急转地表径流冲刷带走的泥沙中磷素储量:

$$P_{sediment} = PC_{sediment} \times m_{sediment} \qquad (2-10)$$

式中: $P_{sediment}$,自然降雨/旱涝急转泥沙中磷素储量(mg);$PC_{sediment}$,自然降雨/旱涝急转泥沙中磷素平均浓度(mg/kg);$m_{sediment}$,自然降雨/旱涝急转过程产生的泥沙总量(kg)。

自然降雨 / 旱涝急转流入地下水中的磷素储量理论上等于磷素基底值储量与土壤、作物、地表径流和泥沙中磷素储量的差值：

$$P_{\text{groundwater}} = P_{\text{BV}} - P_{\text{soil}} - P_{\text{plant}} - P_{\text{runoff}} - P_{\text{sediment}} \qquad （2-11）$$

式中：$P_{\text{groundwater}}$，自然降雨 / 旱涝急转后流入地下水的磷素储量（mg）。

自然降雨 / 旱涝急转后土壤、作物、地表径流、壤中流和流入地下水中的磷素储量占比可依据式（2-12）计算：

$$x/x' = \frac{P_x}{P_{\text{BV}}} \times 100 \qquad （2-12）$$

式中：x/x'，自然降雨 / 旱涝急转后生态系统组分中磷素储量占比（%）。当 $x = a$，b，c，d，e 时，P_x 分别对应土壤、作物、地表径流、泥沙、地下水中磷素储量。

式（2-13）可进一步计算自然降雨 / 旱涝急转后作物各器官中磷素储量占比：

$$b_i/b_i' = \frac{P_{o,i}}{P_{\text{BV}}} \times 100 \qquad （2-13）$$

式中：b_i/b_i'，自然降雨 / 旱涝急转后作物各器官中磷素储量占比（%）。$i = 1$，2，3，4 时，$P_{o,i}$ 分别指根、茎、叶、果实中磷素储量。

2.5.2 旱涝急转对作物生长和水环境影响分析

通过在作物生长不同阶段开展旱涝急转情景试验，观测不同等级旱涝急转下作物生长参数如叶面积指数、生物量、品质等，同时收集地表径流等检测磷素，与自然对照组相比分析旱涝急转对作物生长和水环境的影响。农田生态系统中磷素迁移转化对作物产量和品质的影响大小可通过统计学上相关性和显著性来进行分析。

旱涝急转对作物生长各参数的影响大小可通过下面公式计算：

计算自然降雨 / 旱涝急转后作物各器官中磷素储量占比：

$$\Delta PG_{\text{index}} = \frac{PG_{\text{index, DFAA}} - PG_{\text{index, CS}}}{PG_{\text{index, CS}}} \times 100 \qquad （2-14）$$

式中：ΔPG_{index}，旱涝急转与自然对照组相比作物各生长参数变化率（%）；$PG_{\text{index, DFAA}}$，旱涝急转后作物生长参数值；$PG_{\text{index, CS}}$，自然对照组作物生长参数值。index 代表作物各器官生物量、产量、品质等参数。

式（2-15）可计算旱涝急转后由人工生态系统进入水环境中磷素储量的影响：

$$\Delta P_{\text{wq}} = \frac{P_{\text{wq, DFAA}} - P_{\text{wq, CS}}}{P_{\text{wq, CS}}} \times 100 \qquad （2-15）$$

式中：ΔP_{wq}，旱涝急转与自然对照组相比进入水环境中磷素储量的变化率（%）；$P_{wq, DFAA}$，旱涝急转组降雨后进入水环境中磷素储量；$P_{wq, CS}$，自然对照组降雨后进入水环境中磷素储量。wq，进入水环境中磷素指标，指地表径流中磷素储量、地表径流冲刷带走的泥沙中磷素储量、流入地下水的磷素储量等。

分析旱涝急转对流域/区域作物年均产量的影响，可通过计算研究时段内（N年）旱涝急转与自然对照组相比产量变幅的均值获得，具体计算公式如下：

$$\Delta \text{Yield} = \frac{\sum_{i=1}^{n} \Delta \text{Yield}_i}{N}$$ （2-16）

式中：ΔYield，N年内旱涝急转与自然对照组相比作物年均产量变幅；ΔYield_i，第i次旱涝急转与自然对照组相比产量变幅；n，N年内旱涝急转总次数。

分析旱涝急转对流域/区域农田土壤磷素流失比例的影响，可通过计算研究时段内（年）旱涝急转下农田土壤磷素流失比例（包括地表径流、泥沙和地下水）的均值获得，具体计算公式如下：

$$P_{\text{Loss}} = \frac{\sum_{i=1}^{n} P_{\text{Loss}, i}}{N}$$ （2-17）

式中：P_{Loss}，N年内旱涝急转下农田土壤磷素年均流失比例；$P_{\text{Loss}, i}$，第i次旱涝急转下农田土壤磷素流失比例；n，N年内旱涝急转总次数。

2.5.3 旱涝急转对土壤微生物群落及磷代谢影响分析

前人研究表明，干旱、洪涝、干湿交替、旱后复水影响土壤微生物活动，进而对土壤中磷素尤其是速效磷转化产生影响。因此，厘清旱涝急转对土壤微生物群落及磷代谢的影响是明晰旱涝急转对农田生态系统磷素迁移转化中间过程的关键。

土壤微生物群落主要包括细菌、真菌和古菌群落。土壤中与磷代谢相关的微生物称为解磷微生物（也称溶磷微生物），是能够将土壤中难溶性磷转化为植物能够吸收利用的可溶性磷的特殊的微生物功能类群，主要包括部分细菌、真菌和放线菌。目前研究已发现的解磷细菌主要有 *Bacillus*（芽孢杆菌属）、*Pseudomonas*（假单胞菌属）、*Escherichia*（埃希氏菌属）、*Erwinia*（欧文氏菌属）、*Agrobacterium*（土壤杆菌属）、*Serratia*（沙雷氏菌属）、*Flavobacterium*（黄杆菌属）、*Enterbacter*（肠细菌属）、*Micrococcus*（微球菌属）、*Azotobacter*（固氮菌属）、*Bradyrhizobium*（根瘤菌属）、*Salmonella*（沙门氏菌属）、*Chromobacterium*（色杆菌属）、*Alcaligetaes*（产碱菌属）、*Arthrobacter*（节细菌属）、*Nitrosomonas*（亚硝酸菌属）和 *Thiobacillus*（多硫杆菌属）等（Sperber，1958；Katznelson et al.，1962；樊磊等，2008a；林燕青等，2015；彭静静等，2016）。土壤真菌群落虽然数量不多，但能影响磷素的分解和迁移转化，且解磷真菌的溶磷能力和稳定性都强于解磷细菌（Yin et al.，2015；江红梅等，2018）。目前研究已发现的解磷真菌主要有 Penicillium（青霉菌属）、Aspergillus（曲霉菌属）、Mycorrhiza（菌根菌）、Rhizopus（根霉属）、Fusarium（镰刀菌）和 Sclerotium（小丝核菌）等（王光华等，2003；黄敏等，2003；樊磊等，2008b；乔志伟，2019）。针对 Penicillium 和 Aspergillus 的解磷作用及应用效果的研究较多（Asea et al.，1988；Kucey et al.，1989；Nahas et al.，1990；王富民等，1992；范丙全等，2002）。

　　研究旱涝急转对土壤微生物群落及磷代谢的影响，首先分析与自然条件相比旱涝急转下微生物群落组成的变化；其次重点分析解磷微生物在旱涝急转下组成和相对丰度的变化，筛选出与自然条件相比有显著性差异变化的物种；同时，比对功能基因数据库，分析旱涝急转下磷代谢通路变化。

2.6　旱涝急转事件应对措施

　　根据流域/区域旱涝急转事件的时空变化规律以及其对作物生长和水环境的影响效应，针对旱涝急转事件中"旱"和"涝"环节提出应对措施体系，并对不同措施应对能力进行评估，从而为降低旱涝急转危害提供技术与数据支撑。

　　旱涝急转应对的措施主要包括通过提高对水资源的调控能力调节旱涝急转程度，提高灾害防御能力；通过完善管理体制，增强广大群众防灾减灾意识。如何预估和判别旱涝急转事件的发生以及制定完善旱涝急转灾害应急预案，对旱涝急转灾害防治尤为关键。

　　（1）水资源调控能力调节

　　在调查分析区域的水资源量、开发利用现状、开发利用潜力，评价水利工程群应对旱涝急转灾害风险能力的基础上，结合旱涝急转事件的未来发展趋势和灾害风险预估以及区域经济社会发展的总体布局及需求，从水资源优化配置角度，优化区域水利工程群的布局，逐步形成布局合理、满足应用需求的旱涝急转灾害风险应对水利工程体系。

　　综合考虑区域河湖水系防洪排涝、供水灌溉、抗旱、生态等基本功能的发挥，按照疏导为主、新建为辅的原则，优化水网布局。以骨干河道及重要湖泊水库为主框架、一般性河道为纽带，建成功能明确、结构合理、布局协调、引排有序的立体水利工程群联合调控体系应对旱涝急转灾害。根据旱涝急转灾害风险区划，优先对高风险区的水利工程进行除险加固、清淤整治，提高水利工程群调蓄水资源能力。以区域防洪标准为指导，进一步扩大排洪排涝出路、优化畅通主要排洪通道，提升区域的防洪排涝能力。加强水源涵养建设，强化水资源配置能力，合理改造、扩建、新建水源地，加快应急备用水源建设，提高供水能力，增强抗旱能力；建立通畅的引、排水通道，构建城乡一体化供水网络，保障城乡供水安全。

（2）管理体制完善

1）监测运行环节。建立多圈层监测体系并完善与数据共享机制，针对气象、水文、环境、经济等方面的众多指标，建立统一的监测标准以及监测规程规则，加强区域、部门之间协同监测和数据共享，建立完善的数据共享机制；实现跨区域协同监控，加强各国或各地区之间的相互合作支持，识别导致旱涝急转事件发生的相关前期低频信号，提升旱涝急转灾害预警能力，监测旱涝急转灾害的形成和发展过程，强化灾害监控能力；构建管理体制机制，鉴于目前对旱涝灾害风险管理认识的不足，必须建立旱涝急转事件风险管理体制机制，从风险识别、风险控制和风险应对方面制定并落实风险规划战略；基于大数据系统的决策支撑平台，以大数据系统为支撑，建立旱涝急转事件早期信号识别、灾害影响评价、防灾减灾过程调度、灾害综合应对为一体的决策支持平台。

2）运行调度环节。建立地表水与地下水联合调度，抗旱与防洪排涝统筹应对的水利工程群联合运行调度机制。构建面向旱涝灾害风险规避的水利工程群联合调度的总体策略，旱时保证供水安全，涝时降低洪水危害，以满足旱涝灾害综合应对的需求。利用动态汛限水位调控洪水资源，实现涝为旱用。

3）应急处置环节。增强水资源应急调配能力，加强干旱应急调控能力，提高供水安全保障。制定和完善重旱情况下供水量分配方案和应急供水调度预案。加强中长期预报，提升区域旱涝急转灾害的预警和预报水平以及旱涝灾害综合防范能力。密切关注中短期天气变化情况及降水强度大小，合理确定开闸泄水时机，降低后期泄洪排涝压力及洪灾损失。建立旱涝急转灾害应急预案，完善旱涝急转灾害应急响应工作机制，确保迅速有效地开展应急救援行动、提高旱涝急转的应急处置能力。

第 3 章 皖北平原概况及旱涝急转特性分析

3.1 皖北平原概况

3.1.1 自然地理概况

（1）地理位置

皖北平原位于 114°55′E ～ 118°10′E、32°25′N ～ 34°35′N，包括淮北、亳州、宿州、蚌埠、阜阳和淮南六市，总面积约为 3.92 万 km²，占安徽省总面积的 30%（图 3-1）。皖北平原大部分属于淮北平原，海拔多低于 50 m，是安徽省唯一的"一带一路"经过地区。

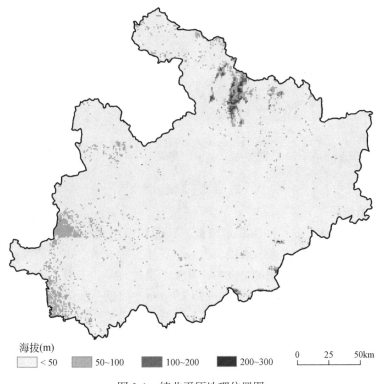

海拔(m)

■ < 50　■ 50~100　■ 100~200　■ 200~300　　0　25　50km

图 3-1　皖北平原地理位置图

（2）地形地貌

皖北平原属黄淮海平原，地势较平坦，仅濉河以北有少量丘陵分布，海拔在50～300 m之间；整体由西北向东南倾斜，坡度大多低于1°（图3-2），自然坡降为1/10000～1/7500（李雪凌，2018）。南部沿淮地带分布河间洼地，东北部有零散低山残丘。

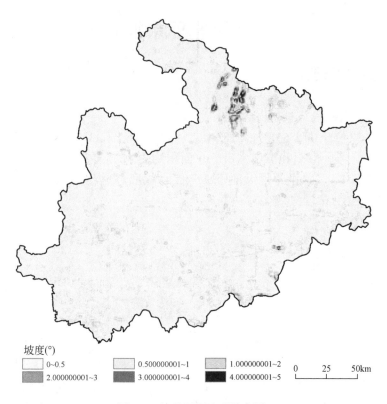

坡度(°)

| | 0~0.5 | | 0.500000001~1 | | 1.000000001~2 |

| | 2.000000001~3 | | 3.000000001~4 | | 4.000000001~5 |

0 25 50km

图3-2 皖北平原地形坡度图

（3）植被特征

皖北平原主要植被类型为栽培植被，其面积占总面积的97.7%（图3-3）。栽培植被主要有小麦、玉米、水稻、大豆、花生、棉花等。本书研究对象夏玉米种植面积占粮食总播种面积的26.8%。夏玉米播种日期为6月，收割日期为9月底10月初。夏玉米需水量为307.5～513.9 mm，抽雄—灌浆阶段对水分需求强度最大，这一阶段的水分供应对玉米产量影响至关重要。

（4）土壤特征

皖北平原主要土壤类型是砂礓黑土和潮土，分别占总面积的52.2%和30.9%（图3-4）。砂礓黑土色泽黑暗，主要特点是"旱、涝、瘠、僵、黏"，结构发育差、

植被大类
　栽培植被　■针叶林　　阔叶林　　草丛　■其他

0　25　50km

图 3-3　皖北平原植被分布图

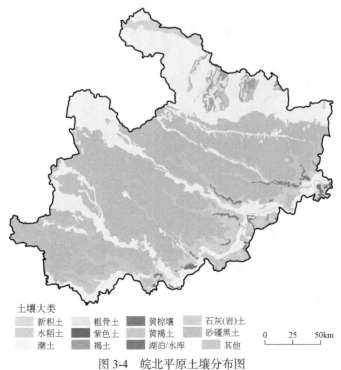

土壤大类
　　新积土　　　粗骨土　　■黄棕壤　　　石灰(岩)土
　　水稻土　　■紫色土　　　黄褐土　　　砂礓黑土
　　潮土　　　　褐土　　　■湖泊/水库　　其他

0　25　50km

图 3-4　皖北平原土壤分布图

质地黏重、有机质含量低。土壤表层平时易裂成数厘米宽的缝隙，20 ~ 40 cm 土层湿时多呈腐泥状，这些土壤特征加剧旱涝急转对作物的损伤。

（5）土地利用

皖北平原土地利用类型主要有旱地、水田、林地、草地、水域、居民用地和工业用地，各类型所占比例分别为 74.95%、3.39%、0.88%、1.00%、2.30% 和 17.47%（图 3-5）。由此可知，该地区农田分布面积广，尤其以旱地为主，占整个区域面积的 3/4。

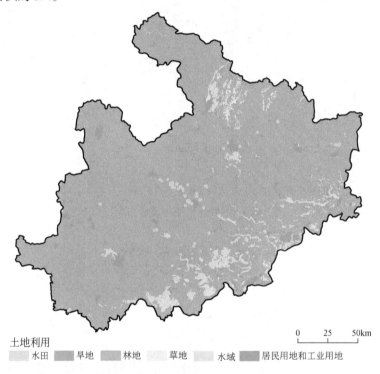

土地利用

水田　　旱地　　林地　　草地　　水域　　居民用地和工业用地

0　　25　　50km

图 3-5　皖北平原土地利用分类图

（6）河流水系

皖北平原水系发达（图 3-6），全部河段总长为 3198.6 km，整体河网密度为 81.16 m/km²。三级河流主要是淮河，境内总长度为 352.3 km；四级河流包括颍河与涡河，总长度为 492.0 km；五级河流包括茨河、北淝河、西淝河、濉河、浍河、茨淮新河、新汴河、怀洪新河等。各支流空间分布相对均匀，由西北向东南流入淮河和洪泽湖。

（7）水文气象

本书使用的气象数据源自中国气象局国家气象信息中心提供的日观测序列，选取皖北平原及其周边 16 个气象站点数据进行分析空间展布分析。空间展布选

河流水系
——— 三级河流 ——— 四级河流 ——— 五级河流

0　25　50km

图 3-6　皖北平原主要河流水系

择 ArcGIS 工具箱中的反距离加权插值（IDW）方法进行插值。

皖北平原地处南北气候过渡带，四季分明，雨热同期，光照充足。该地区 1964～2017 年多年平均水面蒸发量为 900～1200 mm，太阳辐射年总量达 5200～5400 MJ/m²，多年平均日照时数为 2300 h，积温 4580～4867 ℃。

1964～2017 年，皖北平原年平均降水量约为 966 mm，从南向北递减，年内分布不均，6～9 月降水量约占全年总降水量的 50%～70%（图 3-7）。皖北平原 1964～2017 年的年降水量整体呈下降趋势，但下降趋势不明显（图 3-9）。皖北平原近 54 年年平均气温约为 15.1 ℃，也呈从南向北递减趋势（图 3-8）。皖北平原近 54 年的年平均气温呈明显上升趋势，平均每十年上升 0.25 ℃（图 3-10）。

采用 Mann-Kendall 法进行突变点检验分析。由图 3-11 可得出，UF 和 UB 曲线大部分在置信区间内，表明皖北平原年均降水量的变化趋势不是很明显，没有突变性的增加和减少。由图 3-12 可知，UF 和 UB 曲线都超过了置信区间（大于 1.96），表明温度上升明显；UF 和 UB 曲线在 1993 年相交，说明存在突变。整体来看，皖北平原在 1993 年气候发生突变。

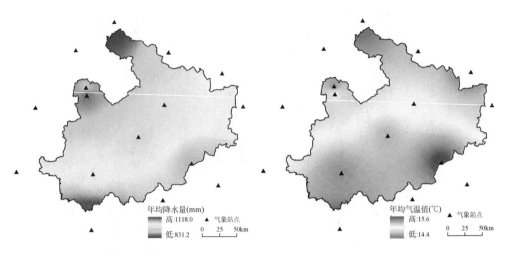

图 3-7 皖北平原多年平均降水量分布图　　图 3-8 皖北平原多年平均气温分布图

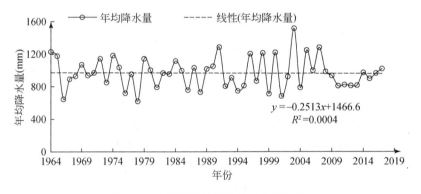

图 3-9 皖北平原年均降水量变化趋势

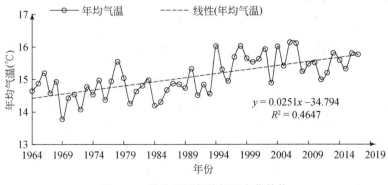

图 3-10 皖北平原年均气温变化趋势

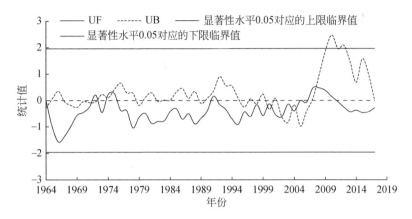

图 3-11　年均降水量 Mann-Kendall 检验

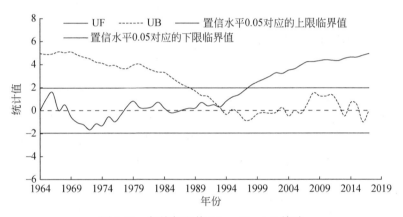

图 3-12　年均气温值 Mann-Kendall 检验

统计资料表明，1949～2006 年，安徽省出现典型旱涝急转事件的年份有 21 年，沿淮淮北地区最为显著，属于易旱易涝类型，旱涝急转多发生在 7 月下旬和 8 月上旬，严重制约着该地区的农业生产与发展（张效武等，2007；王后明和顾梅，2012）。

（8）土壤水

根据皖北平原 1992～2017 年夏玉米生长期 0～1.0 m 各垂直土层深度大田土壤水实测数据，可知夏玉米生长期 5 日多年平均各土层土壤水变化与降雨量有一定正相关性，即各层土壤含水率随降雨量增大基本呈逐渐增大趋势（图 3-13）。其中，0～0.4 m 表层土壤平均含水率变化相对较大，0～0.1 m 层变化最为剧烈，0～1.0 m 的土壤平均含水率为 22.04%（张晓萌等，2019）。

基于皖北平原大田土壤水多年实测数据，得出土壤田间持水率约为 30.7%，最适宜作物生长的土壤含水率为 18% ～ 26%，凋萎含水率为 10% ～ 13%。

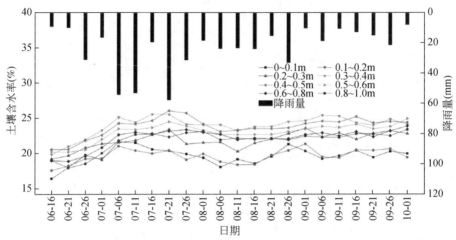

图 3-13　夏玉米生长期 5 日多年平均（1992 ～ 2017 年）各土层土壤水随时间变化曲线

资料来源：张晓萌等，2019

（9）地下水

根据皖北平原 1992 ～ 2017 年夏玉米生长期大田观测井实测数据，可知夏玉米生长期地下水埋深波动较大，7 月份波动尤其剧烈，最低达到 1.18 m，主要受降雨和蒸发等影响；夏玉米生长期地下水平均埋深为 1.80 m（图 3-14）（张晓萌等，2019）。

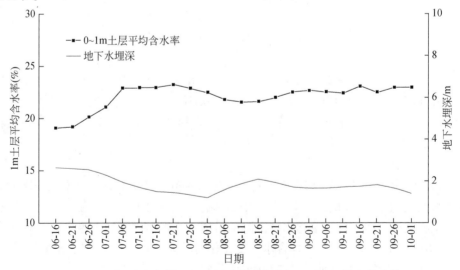

图 3-14　夏玉米生长期 1 m 土层平均含水率与地下水埋深变化曲线

资料来源：张晓萌等，2019

3.1.2　社会经济概况

（1）人口

依据《安徽统计年鉴》（2019），2018年，安徽省户籍人口总数约为7082.89万，皖北平原区有3375.68万人，占比47.7%；安徽省常住人口总数约为6323.60万，皖北平原区有2828.14万人，占比44.7%。其中，淮北、亳州、宿州、蚌埠、阜阳和淮南常住人口各有225.41万、523.72万、568.14万、339.20万、820.72万和348.95万。皖北平原面积仅占安徽省的30%左右，人口却占全省45%以上，可见皖北平原区人口密度较大。分析皖北平原2010～2018年的人口城镇化率发现（图3-15），皖北各市平均人口城镇化率低于安徽省平均值。其中，亳州、宿州、阜阳三市城镇化进程缓慢，位于安徽省最末。

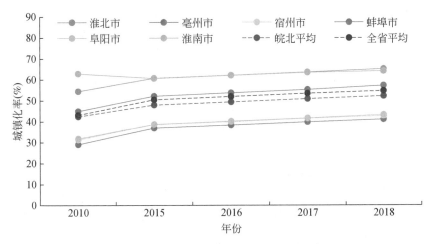

图3-15　皖北各市主要年份人口城镇化率

（2）国内生产总值

2018年皖北平原国内生产总值（GDP）占全省27.9%；人均GDP约为3.01万元，比全省低37.0%。2015～2018年皖北地区平均人均可支配收入11 314元，较全省平均值13 089元低13.6%，仅蚌埠超过全省平均水平，阜阳和宿州差距最大（图3-16）。

作为我国重要的商品粮生产基地之一，2016年皖北平原粮食作物播种面积5264.2万亩[①]，产量1885.4万t，分别占全省粮食作物播种总面积和年产量的

---

① 1亩≈666.7m²

52.8% 和 55.2%（李雪凌，2018）。2018 年皖北地区耕地面积 271.10 万 hm²，占全省耕地面积 588.60 万 hm² 的 46.1%；皖北平原农业总产值 1172.7 亿元，占安徽省农业总产值的 52.0%。可见农业生产对皖北平原区 GDP 贡献较大，有效预防和应对自然灾害至关重要。

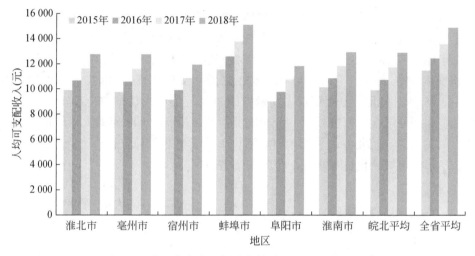

图 3-16　皖北各市主要年份农村居民人均可支配收入

3.2　皖北平原旱涝急转事件判别标准

皖北平原旱涝急转事件等级的判别依据式（2-1）进行计算并根据表格 2-3 旱涝组合归类获得。依据式（2-1）中 i, j, n 参数可获得旱涝急转事件中干旱和洪涝阶段的时间节点以及持续时长。

皖北平原位于淮河以北，该区域旱涝急转中干旱等级划分依据表 2-1 中北方的旱情等级划分（表 3-1）。不同干旱等级对应的土壤相对湿度参见表 2-2。

表 3-1　皖北平原连续无雨日数旱情等级划分表

季节	不同旱情等级的连续无雨日（d）		
	轻度干旱	中度干旱	严重干旱
春季（3～5月）	15～30	31～50	＞50
夏季（6～8月）	10～20	21～30	＞30
秋季（9～11月）	15～30	31～50	＞50
冬季（12～2月）	20～30	31～60	＞60

皖北平原旱涝急转中的洪涝等级依据式（2-3）和式（2-4）计算。参考淮北平原和豫东平原降雨入渗系数的研究，α 取 0.22。参照淮北平原历史洪涝资料（于玲，2001），洪涝系数时 k_0=4 时，认为流域一日降水达到轻涝等级；则设定洪涝等级 l=0, 1, 2 分别代表轻涝、中涝和重涝；l=0, 1, 2 时，β=0.5, 0.7, 1。

依据皖北平原 16 个气象站点 1964 ～ 2017 年降水资料，皖北平原旱涝急转中洪涝等级划分标准如表 3-2 所示。

表 3-2　皖北平原洪涝等级划分表

连续降雨天数 n（d）	1	2	3	4	5
轻涝	90	110	130	150	170
中涝	110	140	170	190	220
重涝	135	170	210	240	280

3.3　方 法 验 证

依据 3.2 节构建的旱涝急转事件判别标准计算皖北平原的旱涝急转事件。将实际记录的典型旱涝急转事件与计算的场次旱涝急转事件进行比对，以检验判别方法的合理性。

查阅《中国气象灾害大典》（温克刚和翟武全，2007）中的安徽卷发现，1965 年 5 月中旬起至 6 月底，全省发生严重干旱，但自 6 月 30 日起，沿淮淮北地区短期内接连发生 5 次强降雨。1982 年 4 月初至 5 月安徽省全省少雨，旱情迅速发展并持续至 7 月中旬，7 月 9 日入梅后，全省各地暴雨、大暴雨频繁出现。2000 年 4 月初至 5 月，皖北地区大范围地区受旱，北部河道断流，6 月皖北地区连降暴雨至特大暴雨，发生严重洪涝灾害。2003 年蚌埠市发生旱涝急转事件，仅 4 天便由干旱转为内涝、外洪，导致蚌埠市 8 个生产圩溃破，毁坏耕地 4600 公顷，当年粮食产量严重受损。

皖北平原经计算得出的旱涝急转事件与《中国气象灾害大典》中记载的实际情况基本符合，证明本书提出的方法可行。

3.4　皖北平原历史旱涝急转事件演变规律

基于上述旱涝急转判别方法，计算皖北平原及其周边 16 个气象站点

1964～2017年旱涝急转事件发生频次并进行IDW插值获得皖北地区旱涝急转事件发生频次。由图4-1可知，不同季节旱涝急转事件发生频次不同。

1964～2017年54年间旱涝急转多发生在夏季（90%以上），极少数发生在春季和秋季，冬季没有旱涝急转事件发生。春季仅在皖北平原中部发生过1次旱涝急转，其他地区无旱涝急转事件发生[图3-17（a）]。秋季皖北平原旱涝急转发生频次由东南向西北递减，发生频次从2次递减为0次[图3-17(c)]。夏季及全年的旱涝急转事件发生频次均从中心向四周递减，且西南部较东北部发生频次高。夏季皖北平原中部旱涝急转事件发生频次有11次到14次，往东北方向有7次到9次，往西南方向有9到11次[图3-17（b）]。从年尺度来看，皖北平原中部旱涝急转事件发生频次有12次到15次，往东北方向有8次

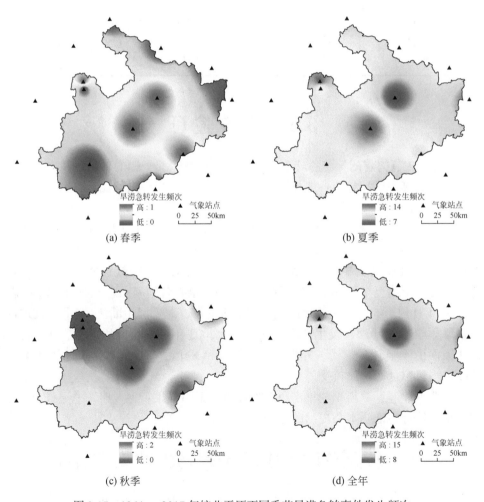

图3-17　1964～2017年皖北平原不同季节旱涝急转事件发生频次

到10次, 往西南方向有10次到12次[图3-17 (d)]。整体来看, 皖北平原1964 ~ 2017年54年间共发生8 ~ 15次旱涝急转, 平均3 ~ 4年一遇, 发生频率较高。

根据旱涝急转事件等级划分, 即轻度、中度和重度旱涝急转, 分析皖北平原1964 ~ 2017年54年间不同等级的旱涝急转事件, 发现不同等级的旱涝急转事件发生频次与不同季节演变规律呈现一定的差异性 (图3-18)。大多数旱涝急转事件属于轻度旱涝急转 (85% 以上), 少数属于中度旱涝急转, 极少数属于重度旱涝急转。轻度旱涝急转事件发生频次从中心向四周递减, 往东北部和西南部递减程度相近; 中部旱涝急转事件发生频次从9次到13次都有, 东北部和西南部均有6到8次[图3-18 (a)]。对于中度旱涝急转, 从西南往东北递减, 发生频

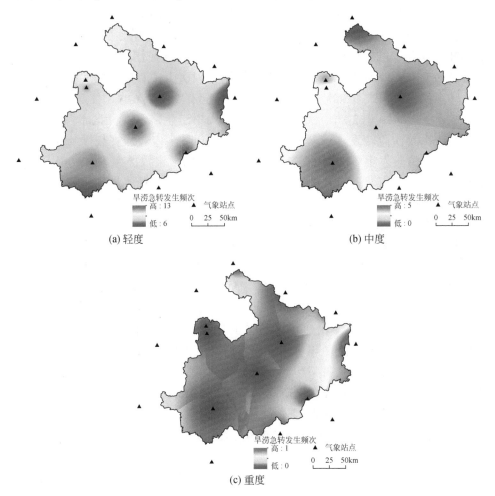

图3-18 1964 ~ 2017年皖北平原不同等级旱涝急转事件发生频次

次由 5 次向 0 次递减 [图 3-18（b）]。重度旱涝急转事件仅在皖北平原东部有 1 次发生 [图 3-18（c）]。

1964 ～ 2017 年气象数据分析结果表明，皖北平原气候于 1993 年左右发生突变，本书将历史气象数据划分为 1964 ～ 1993 年和 1994 ～ 2017 年两个阶段进行对比分析，发现不同季节和不同等级的旱涝急转事件在这两个阶段演变规律均存在差异，旱涝急转发生概率由前期 3 ～ 4 年一遇到后期 2 ～ 3 年一遇；均呈现出夏季和轻度旱涝急转发生频次较高（80%），其他季节和等级旱涝急转事件极少发生。

1964 ～ 1993 年，春季皖北平原仅中部发生旱涝急转 1 次 [图 3-19（a1）]；夏季旱涝急转发生频次从西南部向东北部递减，发生频次由 7 次向 3 次递减 [图 3-19（b1）]；秋季仅东部发生 1 次旱涝急转 [图 3-19（c1）]；全年旱涝急转事件演变规律与夏季基本相似，从西南部向东北部递减，发生频次由 8 次递减为 4 次 [图 3-19（d1）]。1994 ～ 2017 年，春季皖北平原仅东南部（蚌埠）发生 1 次旱涝急转 [图 3-19（a2）]；夏季旱涝急转发生频次由中心向四周递减，中部旱涝急转事件发生频次有 7 次到 9 次，往西南方向有 5 次或 6 次，往东北方向有 4 次或 5 次 [图 3-19（b2）]；秋季西部和中部无旱涝急转发生，北部、南部、东部均有 1 次旱涝急转发生 [图 3-19（c2）]；全年旱涝急转演变规律与夏季大体相同，旱涝急转发生频次由中部向四周递减，中部发生频次为 7 ～ 10 次，西南部有 5 ～ 7 次，东北部有 4 次或 5 次 [图 3-19（d2）]。整体来看，不同季节旱涝急转高频中心有所转移，1994 ～ 2017 年与 1964 ～ 1993 年相比，旱涝急转高频中心春季由中部向东南部转移，夏季由西南部向中部转移，秋季由东部扩散到南部和北部，全年由西南向中心和东南部转移。

1964 ～ 1993 年，皖北平原轻度旱涝急转事件发生频次从西北部和中部向周边递减，西北部和中部旱涝急转发生频次为 5 ～ 7 次，西南部发生 2 次或 3 次，东北部有 3 ～ 5 次 [图 3-20（a1）]；中度旱涝急转发生频次从西南部向东北部递减，发生频次由 4 次向 0 次递减 [图 3-20（b1）]；几乎无重度旱涝急转发生 [图 3-20（c1）]。1994 ～ 2017 年，轻度旱涝急转发生频次由东南部和中部向四周递减，东南部旱涝急转事件发生频次有 6 ～ 9 次，中部有 5 次或 6 次，西南部有 4 次或 5 次，西北部有 3 次，东北部有 3 次或 4 次 [图 3-20（a2）]；中度旱涝急转发生频次由西北部向四周递减，西北部有 3 次，中部有 2 次，南部和东部均有 1 次，北部几乎为 0[图 3-20（b2）]；重度旱涝急转仅东部有 1 次发生 [图 3-20（c2）]。随着时间推移，不同等级旱涝急转高频中心有所转移，轻度旱涝急转高频中心由西北向东南转移，中度旱涝急转高频中心由西南向西北转移，重度旱涝急转高频中心向东部转移。

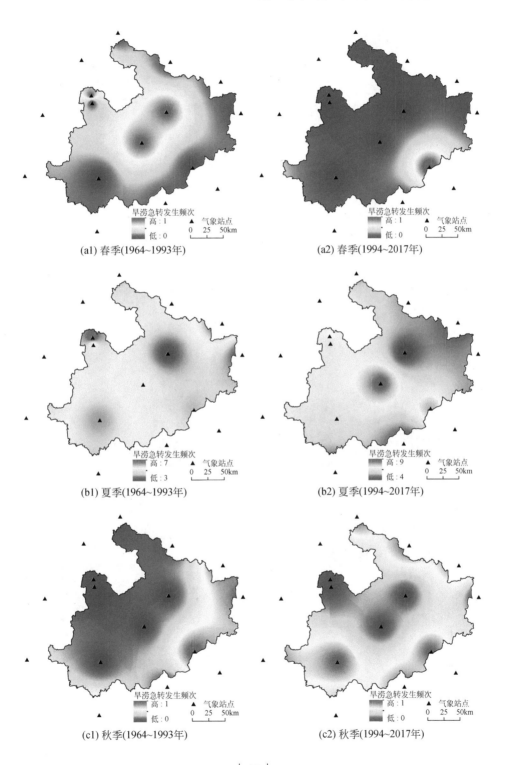

(a1) 春季(1964~1993年)

(a2) 春季(1994~2017年)

(b1) 夏季(1964~1993年)

(b2) 夏季(1994~2017年)

(c1) 秋季(1964~1993年)

(c2) 秋季(1994~2017年)

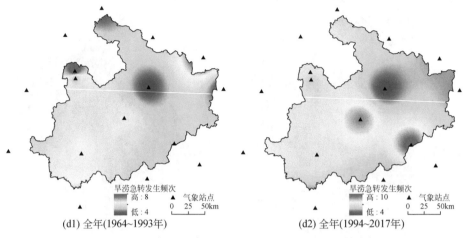

(d1) 全年(1964~1993年)　　　　(d2) 全年(1994~2017年)

图 3-19　1964 ~ 2017 年不同代际皖北平原不同季节旱涝急转事件发生频次

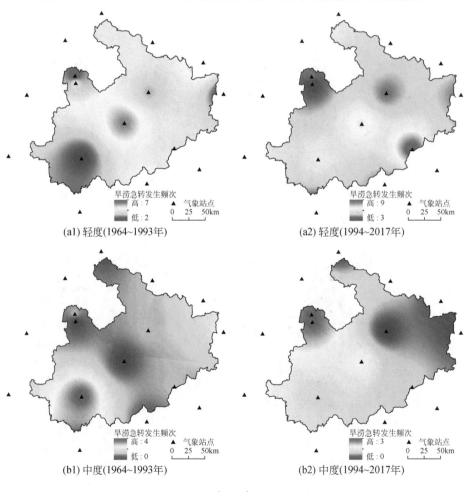

(a1) 轻度(1964~1993年)　　　　(a2) 轻度(1994~2017年)

(b1) 中度(1964~1993年)　　　　(b2) 中度(1994~2017年)

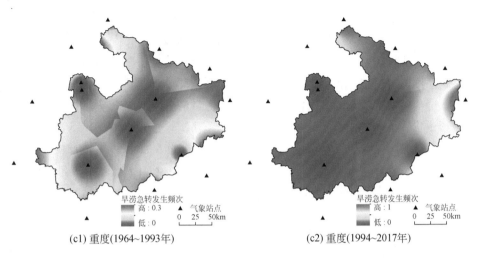

(c1) 重度(1964~1993年)　　　　　　　　(c2) 重度(1994~2017年)

图 3-20　1964 ～ 2017 年不同代际皖北平原不同等级旱涝急转事件发生频次

3.5　皖北平原未来旱涝急转事件演变规律

未来气候预估需基于温室气体和气溶胶的排放情景，也需考虑一系列社会经济影响因子。IPCC 第五次评估报告中应用了新一代温室气体排放情景——代表性浓度路径（Representative Concentration Pathways，RCPs），RCPs 主要包括以下四种情景：RCP8.5、RCP6.0、RCP4.5 和 RCP2.6，对应 2010 年辐射强迫为 8.5 W/m^2、6.0 W/m^2、4.5 W/m^2 和 2.6 W/m^2，温室气体排放水平从高到低（Riahi et al.，2011；Masui et al.，2011；Thomson et al.，2011；Vuuren et al.，2011）。

气候模式是预估未来气候变化的重要工具。由世界气候研究计划耦合模拟工作组与国际地学生物圈计划的地球系统积分与模拟联合推动的第 5 阶段国际耦合模式比较计划（CMIP5），首次建立地球系统模式，相较第 3 阶段国际耦合模式比较计划（CMIP3）在物理参数数字化和模式分辨率上均有大幅改进。

根据前人在淮河流域研究结果，排放情景选用中间稳定路径 RCP4.5，气候模式选用由 ISI-MIP（The Inter-Sectoral Impact Model Intercomparison Project）提供的 HADGEM2-ES（Hadley Centre for Climate Prediction and Research，Met Office，英国）模式经过双线性插值和基于概率分布的统计偏差修正后的结果，其在淮河流域不同尺度降水数据拟合效果相对其他模式较好（高超等，2014；林慧等，2019）。模式提供的数据分辨率为 0.5° × 0.5°，时间尺度为 1960 年 1 月至 2099 年 12 月。本书选取 2020 ～ 2050 年时段对皖北平原未来旱涝急转事件进行预估。

2020～2050年31年间旱涝急转多发生在夏季（85%以上），极少数发生在春季和秋季，冬季没有旱涝急转事件发生。春季在皖北平原中部向西北部有1～2次旱涝急转发生，其他地区无旱涝急转事件发生［图3-21（a）］。秋季仅在皖北平原西部、北部和东南部小部分区域有1次旱涝急转事件发生［图3-21(c)］。夏季及全年的旱涝急转事件发生频次均从西北向东南递减。夏季皖北平原西部旱涝急转事件发生频次有5～8次，北部有5～7次，往东南方向从5次递减到1次［图3-21（b）］。从年尺度来看，皖北平原西北部旱涝急转事件发生频次有5次到9次，往东南方向从5次递减到1次［图3-21（d）］。整体来看，皖北平原2020～2050年31年间共发生1～9次旱涝急转，平均3～4年一遇，发生频率较高。

根据旱涝急转事件等级划分，即轻度、中度和重度旱涝急转，分析皖北平原2020～2050年31年间不同等级的旱涝急转事件，发现不同等级的旱涝急转事

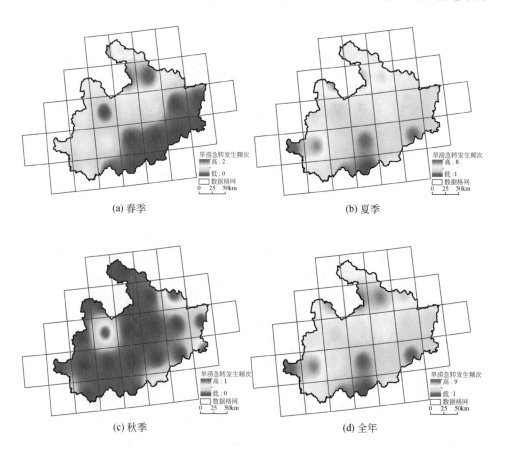

(a) 春季　　　　　　　　　　　　(b) 夏季

(c) 秋季　　　　　　　　　　　　(d) 全年

图3-21　2020～2050年皖北平原不同季节旱涝急转事件发生频次

件发生频次与不同季节演变规律呈现一定的差异性（图 3-22）。大多数旱涝急转事件属于轻度旱涝急转（85% 以上），少数属于中度旱涝急转，极少数属于重度旱涝急转。轻度旱涝急转事件发生频次从西北向东南递减，西北部旱涝急转事件发生频次有 5 次到 8 次，往东南方向从 5 次递减到 1 次 [图 3-22（a）]。对于中度旱涝急转，西部和北部有 1～3 次旱涝急转事件发生，其他地区几乎无旱涝急转事件发生 [图 3-22（b）]。重度旱涝急转事件仅在皖北平原西北部有 1 次发生 [图 3-22（c）]。

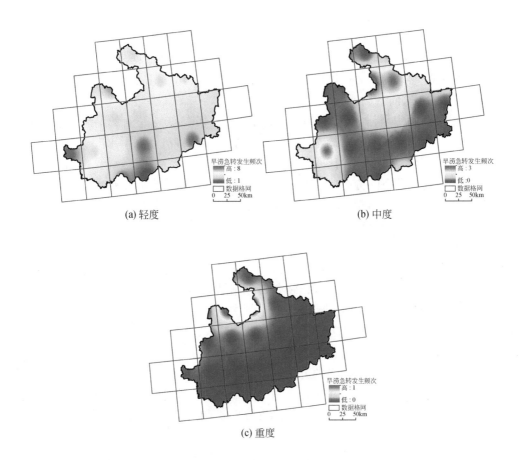

(a) 轻度

(b) 中度

(c) 重度

图 3-22　2020～2050 年皖北平原不同等级旱涝急转事件发生频次

与 1964～2017 年皖北平原历史旱涝急转事件时空分布对比发现，未来旱涝急转事件高频中心有所转移，但旱涝急转事件仍集中在夏季发生，且多为轻度旱涝急转事件。

3.6 方法比对

采用长周期旱涝急转指数和短周期旱涝急转指数计算方法 [式（1-1）和式（1-2）]，计算皖北平原及其周边 16 个气象站点 1964 ~ 2017 年旱涝急转事件发生频次，进行 IDW 插值获得皖北地区旱涝急转事件发生频次，并与本书提出的方法进行对比。

长周期旱涝急转指数主要对夏季发生的旱涝急转事件进行筛选，时间尺度为 2 个月，即从 5 ~ 6 月到 7 ~ 8 月发生旱涝急转。对"旱转涝"事件进行筛选并统计频次，将各气象站结果插值到皖北平原，可知皖北平原近 54 年间夏季旱涝急转事件发生频次由东北向西南递减，东北部往中心由 23 次向 15 次递减，中心向西南部由 15 次向 6 次递减 [图 3-23（a）]。

与记录的历史旱涝急转事件进行比对发现，仅有 50% 左右的结果与实际记录一致，准确率较本书提出的方法低。与本书提出的方法计算得出的夏季旱涝急转发生频次 [图 3-17（b）] 比对可知，基于长周期旱涝急转指数计算得出的旱涝急转频次偏高，且空间分布规律有较大差异。长周期旱涝急转指数判断 5 ~ 6 月到 7 ~ 8 月是否发生旱涝急转，时间尺度较大，计算结果精度不够，且不能判别具体在哪天发生旱涝急转。

短周期旱涝急转指数主要针对 5 ~ 8 月发生的旱涝急转事件进行筛选，时间尺度为 1 个月，即 5 ~ 6 月、6 ~ 7 月、7 ~ 8 月分别发生旱涝急转。本书对"旱转涝"事件进行筛选并统计频次，将各气象站结果插值到皖北平原，可知皖北平原 1964 ~ 2017 年夏季旱涝急转事件发生频次由西北向东南递减，西北部发生频次在 11 ~ 15 次，中部和东南部旱涝急转发生频次在 7 ~ 10 次 [图 3-23（b）]。

与记录的历史旱涝急转事件进行比对发现，仅有 50% ~ 75% 的结果与实际记录一致，准确率较本书提出的方法低。与本书提出的方法计算得出的夏季旱涝急转发生频次 [图 3-17（b）] 比对可知，基于短周期旱涝急转指数计算得出的旱涝急转频次大致相同，但空间分布规律有较大差异，且与长周期旱涝急转指数规律也不相同。短周期指数判断 5 ~ 6 月、6 ~ 7 月和 7 ~ 8 月是否发生旱涝急转，时间尺度为月尺度，计算结果较长周期旱涝急转指数精度有所提高，但与本书日尺度计算方法仍有一定差距，且同样无法判别具体在哪天发生旱涝急转。

基于日尺度旱涝急转指数的旱涝急转事件计算方法，需根据降水数据确定旱期和涝期天数，且相关参数取值不确定，计算过程中不确定因素较多。同样，SPI 指数、Palmer 旱度模式和降水距平百分率等方法也是基于降水量计算旱涝急转事件。本书提出的方法能在日尺度上较准确识别旱涝急转事件发生的各时间节点，且与历史记载的旱涝急转事件比对结果匹配度较高，在一定程度上提高了旱涝急转计算方法精确度和准确性。

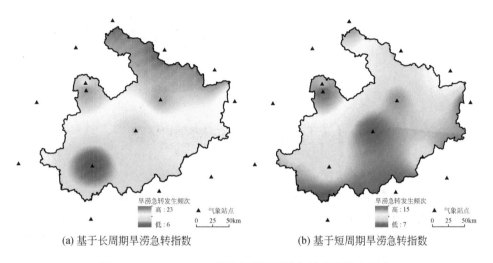

(a) 基于长周期旱涝急转指数　　　　(b) 基于短周期旱涝急转指数

图 3-23　1964 ～ 2017 年皖北平原旱涝急转事件发生频次

第4章 | 基于旱涝急转特性的试验方案设置

4.1 田块布设与情景设置

本书的田间情景模拟试验于安徽省蚌埠市五道沟水文水资源试验站开展。基于皖北平原历史旱涝急转事件分析可知，皖北平原旱涝急转事件多集中于夏季发生，且多为轻度旱涝急转，少数为中度旱涝急转，几乎无重度旱涝急转发生，故本试验主要设置轻旱—轻涝、中旱—轻涝、轻旱—中涝和中旱—中涝四种旱涝急转情景。皖北平原的主要土壤类型是砂礓黑土，夏季主要农作物是夏玉米，故试验选取夏玉米-砂礓黑土为研究对象。皖北平原夏玉米生长时长为 100～120 天，主要包括幼苗期、拔节期、抽雄期、灌浆期和拔节期五个生长期。其中，幼苗—拔节期夏玉米生长迅速，抽雄—灌浆期决定夏玉米产量，故选择在夏玉米生长的关键生育期幼苗—拔节期和抽雄—灌浆期分别开展四种旱涝急转情景模拟，即幼苗—拔节期轻旱—轻涝处理（LLsj）、幼苗—拔节期中旱—轻涝处理（MLsj）、幼苗—拔节期轻旱—中涝处理（LMsj）、幼苗—拔节期中旱—中涝处理（MMsj）、抽雄—灌浆期轻旱—轻涝处理（LLtg）、抽雄—灌浆期中旱—轻涝处理（MLtg）、抽雄—灌浆期轻旱—中涝处理（LMtg）和抽雄—灌浆期中旱—中涝处理（MMtg）共 8 个旱涝急转处理组。本试验还设置自然对照组（CS）。

通过搭建有人工降雨装置的透明通风棚模拟不同旱涝急转情景 [图 4-1（a），图 4-1（f）]，用以遮挡自然降雨，同时控制降雨的时间点、历时和强度；在非遮雨棚下搭建对照试验小区 [图 4-1（b）]。试验场共建 15 块试验田小区（长 × 宽 =5.5 m × 3.7 m），于 2018 年和 2019 年分别开展 4 组旱涝急转情景试验和 1 组自然对照试验，每组处理均设置 3 个重复 [图 4-1（c）]。每块试验田中央埋设一根长 2 m 的透明塑料管用以监测土壤含水量 [图 4-1（c），图 4-1（d）] 以及两根长 2 m 透明塑料管用以采集夏玉米根系信息 [图 4-1（c），图 4-1（f）]，每根管子顶部均用橡皮帽盖上，防止雨水和杂物等落入管中影响试验观测。试验站所在地区地下水水位较浅，为尽可能阻挡相邻田块间土壤水和地下水交换，在每块试验田小区周围埋设 1.2 m 深的铝塑复合板作为挡板（地下 1 m，地上 0.2 m）（图 4-2）。每块试验田小区侧面挖 1 个 20 cm × 20 cm 的出口，连接三角堰集水

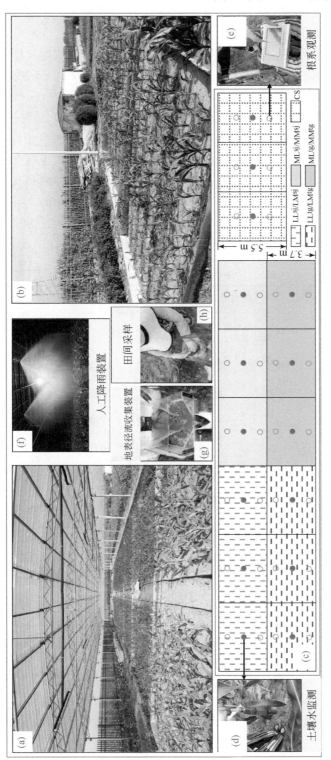

图 4-1 田间试验布局图

（a）棚内控制试验田；（b）自然对照试验田；（c）试验田块布局图，红点是测量土壤水的 AIM-WIFI 土壤多参数监测系统埋管，绿圈是 AZR-100 根系生态观测系统埋管；（d）土壤水监测；（e）根系观测；（f）人工降雨装置；（g）地表径流收集装置；（h）田间采样。sj，玉米幼苗—拔节期；tg，玉米抽雄—灌浆期；LL，轻旱—中涝情景；LM，轻旱—轻涝情景；ML，中旱—轻涝情景；MM，中旱—中涝情景；CS，对照组箱，用以收集旱涝急转产生的地表径流 [图 4-1（g）]。

试验中的旱涝急转水平由干旱水平和洪涝水平共同决定。依据《中国气象干旱等级》（GB/T20481-2006），轻度干旱是指土壤（10～20 cm 或 0～40 cm）相对湿度为 50%～60%，中度干旱是指土壤（10～20 cm 或 0～40 cm）相对湿度为 40%～50%。根据试验站多年试验监测，试验场地田间持水量为 30.7%，经计算，试验场轻度干旱对应的土壤含水量为 15%～18%，中度干旱对应的土壤含水量为 12%～15%。试验过程中，每天早上监测一次土壤含水量，当土壤含水量降至对应干旱等级土壤含水量上限时，每天晚上加测一次；连续 3～5 次（2～3 天）监测结果在对应干旱等级土壤含水量范围内时，开始降雨试验模拟洪涝。经计算，实验站所在地区（蚌埠）旱涝急转事件轻涝和中涝相对应的短期内降水量分别为 100 mm 和 130 mm。不同处理组试验设计见表 4-1。

表 4-1　旱涝急转试验方案

生育期	处理	试验年份	干旱阶段			洪涝阶段		
			受旱等级	土壤含水量（%）	干旱时长（天）	受涝等级	降雨量（mm）	降雨日期
幼苗—拔节期	LLsj	2018	轻旱	18	25	轻涝	100	07/21
	MLsj	2018	中旱	15	31	轻涝	100	07/27
	LMsj	2019	轻旱	18	25	中涝	130	07/15
	MMsj	2019	中旱	15	29	中涝	130	07/19
抽雄—灌浆期	LLtg	2018	轻旱	18	25	轻涝	100	09/05
	MLtg	2018	中旱	15	31	轻涝	100	09/11
	LMtg	2019	轻旱	18	24	中涝	130	08/15
	MMtg	2019	中旱	15	26	中涝	130	08/17
自然降雨对照	CS1	2018	—	—	—		84.5	08/13
	CS2	2019	—	—	—		109.2	08/10

试验历时两个夏玉米生长季，即 2018 年 6 月 25 日～10 月 9 日与 2019 年 6 月 13 日～9 月 26 日。夏玉米选用登海 618，各试验田的植株密度为 7.5 株 /m²，在播种前一次性施入硫酸钾复合肥 75 g/m² 和尿素 30 g/m²，该施肥量能保证当地夏玉米正常生长，整个生长期内不再施肥。试验过程中除了控制旱涝急转条件，其他条件保持一致。

　　试验期间，土壤水监测和土壤样品采集均选择 0 ～ 20 cm 和 20 ～ 40 cm 层（图 4-2），选择这两层原因如下：①依据《中国气象干旱等级》（GB/T20481-2006）需监测 0 ～ 40 cm 土层的相对湿度判别干旱等级；② 0 ～ 20 cm 是耕作层，受气候条件、地表生物和人类活动影响最强烈，20 ～ 40 cm 是土壤犁底层和心土层，心土层是生长后期水肥的主要供应层；③ 0 ～ 40 cm 是夏玉米根系的主要分布区域。

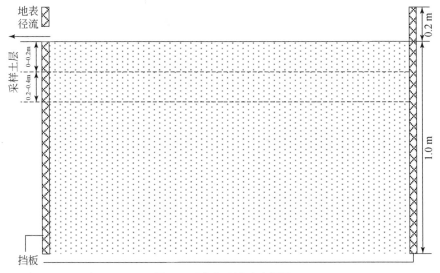

图 4-2　试验田剖面示意图

4.2　样品采集与检测方法

4.2.1　土壤含水量

　　试验中使用北京澳作生态仪器有限公司研制的 AIM-WIFI 土壤多参数系统（仪器出厂时间：2018 年）对土壤含水量进行观测（图 4-3），该系统采用目前测量精度最高的时域反射（time domain reflectometry，TDR）技术，探头测量土壤介质的介电常数，经读表内嵌程序计算，通过模拟电压输出土壤含水量。管式探头测量精度为 ±2%，测量重复精度为 ±0.3%。

　　试验期间，每天 6:30 ～ 7:30 用 AIM-WIFI 土壤多参数监测系统监测土壤含水量 [图 4-1（d）]，主要测量每个试验田块两个土层深度 0 ～ 20 cm 和 20 ～ 40 cm 的土壤含水量，每个土层重复测量三次。旱涝急转前后 5 天每天 18:30 ～ 19:30 加测一次土壤含水量，以准确选定人工降雨的时间节点。

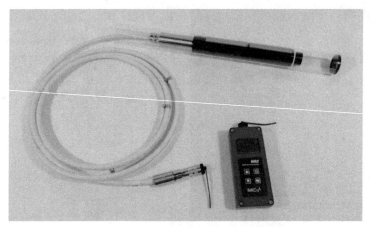

图 4-3　AIM-WIFI 土壤多参数监测系统

4.2.2　土壤理化性质

试验期间，主要在以下几个时间节点采集土样 [图 4-1（h）]：施肥后未播种玉米前（基底值，BV），每组旱涝急转试验降雨前 1 天（旱后，BPre）、降雨后 1 天（涝后，APre），以及成熟期收玉米时（M）。采用"S"型土样采集法混合采集每个试验小区内的 0 ~ 20 cm 和 20 ~ 40 cm 的土样各约 500 g，采集土样后迅速保存在放有冰块的泡沫箱中运送至实验室。土壤样品检测的理化指标主要包括总孔隙度（STP）、水稳性大团聚体（SWSMA）、机械组成（ST）、pH、有机质含量（OMC）、速效磷（AP）和全磷（TP）。

土壤总孔隙度指单位体积的土壤中孔隙所占的百分比。土壤总孔隙度的计算需要测量土壤容重和土壤比重，土壤容重采用环刀法测量，土壤比重通过测量土粒密度确定。计算公式见式（4-1）。

$$STP=\left(1-\frac{d_v}{d_s}\right)\times 100 \qquad (4-1)$$

式中：STP，土壤总孔隙度（%）；d_v，土壤容重（g/cm^3）；d_s，土壤比重。

土壤团聚体是指土壤所含的大小不同、形状不一、有不同孔隙度和机械稳定性及水稳性的团聚体的总和，它是由胶体的凝聚、胶结和黏结而相互联结的土壤原生颗粒组成的。土壤大团聚体是指土壤直径 0.25 ~ 10 mm 的团聚体。土壤水稳性大团聚体是钙、镁、有机质、菌丝等胶结起来的土粒，在水中振荡、浸泡、冲洗而不易崩解，仍维持其原来结构的大团聚体。本试验主要依据中华人民共和国农业行业标准《土壤检测第 19 部分：土壤水稳性大团聚体组成的测定》（NY/T 1121.19-2008）（中华人民共和国农业行业标准，2008）检测土壤直径 0.25 ～ 5 mm 的水稳性大团聚体。该方法是对风干样品进行干筛后确定一定机械稳定下的团粒分布，然后将干筛法得到的团粒分布按相应比例混合并在水中进行湿筛，用以确定水稳性大团聚体的数量及分布。

依据中华人民共和国农业行业标准《土壤检测第 3 部分：土壤机械组成的测定》（NY/T 1121.3-2006）（中华人民共和国农业行业标准，2006a）测定土壤机械组成。测定原理是试样经处理制成悬浮液，根据司笃克斯定律，用特质的甲种土壤比重计于不同时间测定悬液密度的变化，并根据沉降时间、沉降深度及比重计读数计算出土粒粒径大小及其含量百分数。

依据中华人民共和国农业行业标准《土壤检测第 2 部分：土壤 pH 的测定》（NY/T 1121.2-2006）（中华人民共和国农业行业标准，2006b）测定土壤 pH。测定原理是当把 pH 玻璃电极和甘汞电极插入土壤悬浊液时，构成一电池反应，两者之间产生一个电位差，由于参比电极的电位是固定的，因而该电位差的大小决定于试液中的氢离子活度，其负对数即为 pH，在 pH 计上直接读出。

依据中华人民共和国农业行业标准《土壤检测第 6 部分：土壤有机质的测定》（NY/T 1121.6-2006）（中华人民共和国农业行业标准，2006c）测定土壤有机质含量。方法原理是在加热条件下，用过量的重铬酸钾 - 硫酸溶液氧化土壤有机碳，多余的重铬酸钾用硫酸亚铁标准溶液滴定，由消耗的重铬酸钾量按氧化矫正系数计算出有机碳量，再乘以常数 1.724，即为土壤有机质含量。

依据中华人民共和国林业行业标准《森林土壤磷的测定》（LY/T 1232-2015）（中华人民共和国林业行业标准，2015）测定土壤速效磷和全磷。速效磷的测定采用比色法，在酸性环境中，正磷酸根和钼酸铵反应生成磷钼杂多酸络合物 $[H_3P(Mo_3O_{10})]$，在锑试剂存在下，用抗坏血酸将其还原成蓝色的络合物再进行比色。全磷的测定采用碱熔法，样品经强碱熔融分解后，其中的含磷矿化物及有机磷化合物全部转化为可溶性正磷酸盐，在酸性条件下与钼锑抗显色剂反应生成磷钼蓝，用比色法测定磷含量。

4.2.3 土壤微生物

试验期间，主要在以下几个时间节点采集土样 [图 4-1（h）] 送检微生物：施肥后未播种玉米前（基底值，BV）、每组旱涝急转试验降雨前 1 天（旱后，BPre）、降雨后 3 天（涝后，APre），以及成熟期收玉米时（M）。采用 "S" 型土样采集法混合采集每个试验小区内的 0 ～ 20 cm 和 20 ～ 40 cm 的土样各约 5 g，采集土样装入无菌离心管后迅速保存在放有干冰的泡沫箱中寄送至上海美吉生物医药科技有限公司（以下简称 "美吉生物"），存入 –80 ℃冰箱保存至提取总 DNA。土壤样品检测的微生物指标主要包括细菌、真菌、古菌和宏基因组。

送检土样中的细菌、真菌和古菌群落是通过美吉生物提供的微生物多样性 16S rDNA 测序方法测定。根据 E.Z.N.A.® soil DNA kit（Omega Bio-tek，Norcross，GA，U.S.）说明书进行微生物群落总 DNA 抽提，使用 1% 的琼脂糖凝胶电泳检测 DNA 的提取质量，使用 NanoDrop2000 测定 DNA 浓度和纯度；分别使用 338F（5'-ACTCCTACGGGAGGCAGCAG-3'）和 806R（5'-GGACTACHVGGGTWTCTAAT-3'）、ITS1F（5'-CTTGGTCATTTAGAGGAAGTAA-3'）和 ITS2R（5'-GCTGCGTTCTTCATCGATGC-3'）、524F10extF（5'-TGYCAGCCGCCGCGGTAA-3'）和 Arch958RmodR（5'-YCCGGCGTTGAVTCCAATT-3'）对 16S rDNA V3-V4 区段 DNA 序列进行 PCR 扩增，用以检测细菌、真菌和古菌。具体扩增条件如下：95℃预变性 3 min；95℃变性 30 s，55℃退火 30 s，72℃延伸 45 s，共 27 个循环；72℃延伸 10 min。将同一样本的 PCR 产物混合后使用 2% 琼脂糖凝胶回收，利用 AxyPrep DNA Gel Extraction Kit（Axygen Biosciences，Union City，CA，USA）进行回收产物纯化，2% 琼脂糖凝胶电泳检测，并用 Quantus™ Fluorometer（Promega，USA）对回收产物进行检测、定量。使用 NEXTFLEX Rapid DNA-Seq Kit 进行建库。利用 Illumina 公司的 Miseq PE300 平台进行测序。

送检土样中的宏基因组是通过美吉生物提供的宏基因组测序方法测定。利用 E.Z.N.A.® Soil DNA Kit（Omega Bio-tek，美国）试剂盒进行样品 DNA 抽提。完成基因组 DNA 抽提后，利用 TBS-380 检测 DNA 浓度，利用 NanoDrop2000 检测 DNA 纯度，利用 1% 琼脂糖凝胶电泳检测 DNA 完整性。通过 Covaris M220（基因公司，中国）将 DNA 片段化，筛选打断约 400bp 的片段。使用 NEXTFLEX Rapid DNA-Seq（Bioo Scientific，美国）建库试剂盒构建 PE 文库。利用 Illumina NovaSeq/Hiseq Xten（Illumina，美国）平台进行测序。

4.2.4　夏玉米

（1）根系观测

试验中使用北京澳作生态仪器有限公司生产的 AZR-100 根系生态观测系统（仪器出厂时间：2018 年）对根系进行观测（图 4-4）。将 AZR-100 根系生态观测系统的摄像头伸入透明管内 [图 4-1（e）]，对同一深度土层通过图像采集系统进行平移旋转拍照实现对根系的观测，试验中两次拍照间隔角度为 45°，每层共进行 8 次根系观测。试验在旱涝急转试验降雨前 1 天、降雨后 1 周以及成熟期收玉米时对夏玉米 – 砂礓黑土组合单元内根系进行观测。

图 4-4　AZR-100 根系生态观测系统

（2）叶面积测量

试验中使用北京雅欣理仪科技有限公司研发的便携式 Yaxin-1242 叶面积仪
（仪器出厂时间：2017 年）来测量叶面积（图 4-5），测量参数包括叶片面积、
周长、长、宽、长宽比及形状因子等。

图 4-5　Yaxin-1242 叶面积仪

试验期间，从三叶期到成熟期使用 Yaxin-1242 叶面积仪每隔 7 天测量一次
叶面积。对获得的叶面积进行叶面积指数的换算，计算方法如下：

$$\text{LAI} = \frac{N_{\text{p}} \times \dfrac{\sum_{i=1}^{n} A_{\text{l},i}}{n}}{A_{\text{plot}}} \tag{4-2}$$

式中：LAI，叶面积指数；N_{p}，每个试验小区内的夏玉米株数；$A_{\text{l},i}$，第 i 株玉米
的叶面积总和（m^2）；n，测量的玉米总株数；A_{plot}，每个试验小区的占地面积（m^2）。

（3）生物量测量

试验在旱涝急转试验降雨前1天、降雨后1周以及成熟期收玉米时对夏玉米–砂礓黑土组合单元内夏玉米地上和地下生物量分别进行测量。试验中，选取各处理组能代表小区整体生长状况的玉米植株，与地平齐分离地上和地下部分，地上部分按根、茎和叶立即分离，地下根系通过挖掘法洗净擦干，分别测量鲜重后装袋，带回室内处理 [图4-6（a）]。室内用烘箱将采集的夏玉米各器官在80℃下烘干至恒重，测量各器官干重 [图4-6（b）]。

（4）磷素检测

依据中华人民共和国林业行业标准《森林植物与森林枯枝落叶层全硅、全铁、全铝、全钙、全镁、全钾、全纳、全磷、全硫、全锰、全铜、全锌的测定》（LY/T 1270-1999）（中华人民共和国林业行业标准，1999）中钼锑抗比色法测定夏玉米各器官中全磷含量。即将烘干后的植物样品溶解后，在一定酸度和三价锑离子存在下，其中的磷酸与钼酸铵形成锑磷钼混合杂多酸，被抗坏血酸还原成磷钼蓝，用比色法测定磷含量。

植物磷吸收需结合干物质生物量进行计算，具体计算公式如下：

$$P_{\text{uptake}} = C_{\text{P}} \times m_{\text{plant}} \times 10^{-3} \qquad (4\text{-}3)$$

式中：P_{uptake}，每株玉米器官的磷吸收（mg/ 株）；C_{P}，单位干重玉米器官中的磷素含量（mg/kg）；m_{plant}，玉米器官的干物质重量（g/ 株）。

（5）产量测量

成熟期收玉米时，摘下能够代表每个试验小区整体生长状况的果穗若干，将其带回室内，测量果穗的穗长、穗重、穗周长、列数、行数、总粒数、百粒重（鲜重、干重）等与产量相关的指标并计算产量 [图4-6（c）]，计算方法如下：

$$GY = \frac{EPN \times NG \times \dfrac{SW_{100}}{100}}{A_{\text{plot}}} \qquad (4\text{-}4)$$

式中：GY，每个试验小区的产量（g/m²）；EPN，每个试验小区内的有效株数；NG，每个玉米棒的平均总粒数；SW_{100}，百粒重（g）；A_{plot}，每个试验小区的占地面积（m²）。

（6）籽粒品质测量

成熟期收玉米时，摘下能够代表每个试验小区整体生长状况的果穗若干，带回室内剥下籽粒后放入烘箱内80℃烘干至恒重后，粉碎研磨，后对其粗蛋白、粗淀粉、粗纤维和粗脂肪含量进行检测分析。依据《土壤农业化学常规分析方法》（鲁如坤，2000）测定籽粒中粗蛋白、粗淀粉和粗脂肪的含量。籽粒中的蛋白质的含氮量基本上是固定不变的，因此，用开氏法消煮定氮，再将测得的含氮值乘以蛋白质换算系数（一般采用 6.25），即得粗蛋白质含量。粗淀粉的测定采用 CaCl$_2$-HOAc 浸提 – 旋光法测定，即用 CaCl$_2$-HOAc（相对密度 1.3，pH 2.3）为分散和液化剂，在一定的酸度和加热条件下，使淀粉溶解和部分酸解，生成具有一定旋光性的水解产物，可用旋光计测定（各种淀粉的水解产物的比旋指定为 203）。粗脂肪含量采用乙醚浸提 - 残余法进行测定，即在 YG-2 型脂肪浸提器中用能与脂肪溶混的有机溶剂提取样品除去脂肪，从样品质量和残渣质量之差计算粗脂肪的含量。粗纤维的测定采用由 Van Soest（1963；1973）提出的酸性洗涤剂法（ADF）。

4.2.5 地表径流

试验场次降雨中，出流后每隔 10min 左右在试验小区出口处采集水样 500 mL [图 4-6（d）]，降雨结束后采集三角堰内混匀后水样 500 mL，样品装在有冰袋

(a) 夏玉米各器官分离及生物量鲜重测量　　　　(b) 夏玉米各器官生物量烘干处理

(c) 测产　　　　　　　　　　　　(d) 地表径流水样采集

图 4-6　样品采集与处理示意图

的泡沫箱内迅速运送至实验室 –20℃冰箱内储存。水样中总磷的测定方法依据中华人民共和国国家标准《水质总磷的测定——钼酸铵分光光度法》（GB 1893-89）（中华人民共和国国家标准，1989）。在中性条件下用过硫酸钾（或硝酸 –高氯酸）使试样消解，将所含磷全部氧化成正磷酸盐。在酸性介质中，正磷酸盐与钼酸铵反应，在锑盐存在下生成磷钼杂多酸后，立即被抗坏血酸还原，生成蓝色的络合物，用分光光度法测定总磷含量。溶解态磷的检测依据美国环保署关于溶解态磷的标准检测方法（USEPA，1983）。颗粒态磷含量为总磷与溶解态磷含量之差。

4.3　数据处理与分析

试验中每组处理均设置 3 个重复，试验数据以平均值 ± 标准差形式展示，并用 SPSS 20 软件（SPSS Inc.，Chicago，IL，USA）中单因素方差分析法、LSD 法以及 Pearson 法检验差异显著性（$\alpha = 0.05$）。数据结果图形绘制主要运用 Origin 9.0 软件（OriginLab Inc.，Hampton，Ma，USA）、Excel 2016 软件（Microsoft Corporation，Redmond，Ma，USA），以及 R 语言（version 3.6.1）。

（1）微生物多样性分析

本书主要计算反映群落丰富度的指数：Chao、ACE，反映群落多样性的指数：Shannon 和 Simpson，以及反映群落覆盖度的指数：Coverage。

Chao 指数计算采用 chao1 算法估计样本中所含 OTU 数目（Chao，1984）。计算公式如下：

$$S_{\text{chao1}} = S_{\text{obs}} + \frac{n_1(n_1 - 1)}{2(n_2 + 1)} \qquad (4\text{-}5)$$

式中：S_{chao1}，估算的 OTU 数；S_{obs}，实际观测到的 OTU 数；n_1，只含有一条序列的 OTU 数目；n_2，只含有两条序列的 OTU 数目。

ACE 指数也用来估计群落中 OTU 数目的指数，与 chao1 的算法不同（Chao and Yang，1993）。计算公式如下：

$$S_{\text{ACE}} = \begin{cases} S_{\text{abund}} + \dfrac{S_{\text{rare}}}{C_{\text{ACE}}} + \dfrac{n_1}{C_{\text{ACE}}} \hat{\gamma}^2_{\text{ACE}}, & f_{\text{or}}\ \hat{\gamma}_{\text{ACE}} < 0.80 \\[4mm] S_{\text{abund}} + \dfrac{S_{\text{rare}}}{C_{\text{ACE}}} + \dfrac{n_1}{C_{\text{ACE}}} \widetilde{\gamma}^2_{\text{ACE}}, & f_{\text{or}}\ \widetilde{\gamma}_{\text{ACE}} \geqslant 0.80 \end{cases} \qquad (4\text{-}6)$$

其中，$\qquad N_{\text{rare}} = \sum_{i=1}^{\text{abund}} \text{in}_i, C_{\text{ACE}} = 1 - \dfrac{n_1}{N_{\text{rare}}},$

$$\hat{\gamma}_{ACE}^{2} = \max\left[\frac{S_{rare}\sum_{i=1}^{abund}i(i-1)n_{i}}{C_{ACE}N_{rare}(N_{rare}-1)}-1,0\right],$$

$$\tilde{\gamma}_{ACE}^{2} = \max\left[\hat{\gamma}_{ACE}^{2}\left\{1+\frac{N_{rare}=(1-C_{ACE})\sum_{i=1}^{abund}i(i-1)n_{i}}{N_{rare}(N_{rare}-C_{ACE})}\right\},0\right]$$

式中：n_i，含有 i 条序列的 OTU 数目；N_{rare}，含有 "abund" 条序列或者少于 "abund" 的 OTU 数目；S_{abund}，多于 "abund" 条序列的 OTU 数目；abund，"优势" OTU 的阈值，默认为 10。

Simpson 指数定量描述区域的生物多样性，其值越大，群落多样性越低（Simpson，1949）。计算公式如下：

$$D_{Simpson}=\frac{\sum_{i=1}^{S_{obs}}n_{i}(n_{i}-1)}{N(N-1)} \tag{4-7}$$

式中：S_{obs}，实际观测到的 OTU 数目；n_i，第 i 个 OTU 所含的序列数；N，所有的序列数。

Shannon 指数与 Simpson 指数相反，Shannon 值越大，群落多样性越高（Shannon，1948a；Shannon，1948b）。计算公式如下：

$$H_{Shannon}=-\sum_{i=1}^{S_{obs}}\frac{n_{i}}{N}\ln\frac{n_{i}}{N} \tag{4-8}$$

式中：S_{obs}，实际观测到的 OTU 数目；n_i，第 i 个 OTU 所含的序列数；N，所有的序列数。

Coverage 指数数值越高，则样本中序列被测出的概率越高。计算公式如下：

$$C=1-\frac{n_{1}}{N} \tag{4-9}$$

式中：n_1，只含有一条序列的 OTU 数目；N，抽样中出现的总序列数目。

（2）微生物差异性分析

非度量多维尺度分析（non-metric multidimensional scaling analysis，NMDS）可分析不同样本群落结构的相似性或差异关系，其将多维空间的研究对象（样本或变量）简化到低维空间进行定位、分析和归类，同时又保留对象间原始关系。

NMDS 分析的样本间物种的丰度分布差异程度可通过统计学中的距离进行量化分析，常见的距离算法有 Bray-Curtis、Jaccard、UniFrac 等。本试验数据分析主要采用 Bray-Curtis 算法，计算公式如下：

$$D_{\text{Bray-curtis}} = 1-2\frac{\sum \min(S_{A,i}, S_{B,i})}{\sum S_{A,i} + \sum S_{B,i}} \qquad (4\text{-}10)$$

式中：$D_{\text{Bray-curtis}}$，样本 A 和 B 的 Bray-Curtis 距离；$S_{A,i}$，A 样本中第个 taxon 所含的序列数；$S_{B,i}$，B 样本中第个 taxon 所含的序列数。

NMDS 还可根据试验分组情况对样本进行分组分析，主要方法有 ANOSIM 分析和 Adonis 分析。本书主要采用 ANOSIM 分析判别分组是否有意义，即检验组间差异是否显著大于组内差异。利用 Bray-Curtis 距离算法计算两两样品间的距离，并从小到大排序，按公式（4-11）计算 R 值，再将样品进行置换 999 次，重新计算 R^* 值，R^* 大于 R 的概率即为 P 值。

$$R = \frac{\bar{r}_b - \bar{r}_w}{\frac{1}{4}[n(n-1)]} \qquad (4\text{-}11)$$

式中：$\bar{r}_b$，组间距离排名的平均值；$\bar{r}_w$，组内距离排名的平均值；n，样本总数。

为研究不同试验分组的组间显著性差异检验，可运用统计学方法评估物种丰度差异的显著性水平，获得组间显著性差异物种。多组检验方法主要有：Kruskal-Wallis 秩和检验和单因素方差分析，本试验数据分析主要采用 Kruskal-Wallis 秩和检验。多组比较中的多重检验校正（即对 P 值进行多重检验校正）方法采用 FDR（False Discovery Rate）方法。

LEfSe 是一种用于发现高维生物标识和揭示基因组特征的软件。包括基因、代谢和分类，用于区别两个或两个以上生物条件（类群）。该算法强调的是统计意义和生物相关性，能够识别不同丰度的特征以及相关联的类别。多组比较策略主要有：one-against-all（less strict），即只要物种在任意两组中存在差异，就被认为是差异物种；all-against-all（more strict），即只有物种在多组中都存在差异，才能被认为是差异物种。试验结果分析中采用 all-against-all（more strict）比较策略分析各组别从门（Phylum）到属（Genus）的物种差异性。

|第 5 章| 旱涝急转对土壤理化性质的影响

本章基于第 4 章的试验方案及采样（测样）方法，分析了旱涝急转对农田土壤水分、机械组成、总孔隙度、土壤水稳性大团聚体、pH、有机质等土壤理化性质的影响。

5.1 旱涝急转对土壤水分的影响

对不同旱涝急转情景下降雨前后 5 天内的土壤水分动态变化进行对比分析得出（图 5-1），各旱涝急转处理组在降雨前 5 天内土壤含水量均缓慢下降，降雨后，表层土壤（0～20 cm 和 20～40 cm）的土壤含水量在 1 天内迅速增加，超过了夏玉米生长适宜土壤含水量（18%～26%）的 −6.0%～75.3%。这是因为长期干旱条件下，土壤孔隙度增加，突发强降雨后，因土壤孔隙度大而吸收的水分增多（Zhang et al.，2019）。

洪涝等级相同的旱涝急转情景中，不论是幼苗—拔节期还是抽雄—灌浆期，中旱处理降雨结束后短期内的土壤含水量的增加量均高于轻旱处理。相同旱涝急转情景下，抽雄—灌浆期降雨后 1 天内土壤含水量的增加量大于幼苗—拔节期，可见抽雄—灌浆期在降雨后土壤吸收的水分含量大于幼苗—拔节期。这些可从微观角度来解释，随着干旱程度的加深，土壤孔隙度增大，部分根系死亡，进而引起土壤中水分储量增加；同时，随着玉米生长发育，主根和须根伸长、生长，土体单元中的孔隙度增大，进一步影响土壤的导水及持水性（Feldman，1994；康洁，2013）。干旱等级相同的旱涝急转情景中，不论是幼苗—拔节期还是抽雄—灌浆期，中涝处理降雨后 1 天内土壤含水量的增加量低于轻涝处理。这可能是因为试验过程中，中涝处理下降雨持续时间长，产流和下渗作用较大，土壤持水能力下降。

轻旱—轻涝处理下，降雨后土壤含水量逐渐下降；中旱—轻涝处理及对照组中，土壤含水量则呈现出降雨后 1 天内骤增、接着波动上升 2～3 天再下降的规律。由此推断，轻旱—轻涝处理下土壤水分沉降速度明显快于中旱—轻涝处理，这可能是由于轻旱处理下根系密度比中旱处理大，根系吸水能力较大，促进水分沉降（Stasovski and Peterson，1991；Ahmed et al.，2016）。中涝处理降雨后 5 天内表层土壤含水量均缓慢下降。

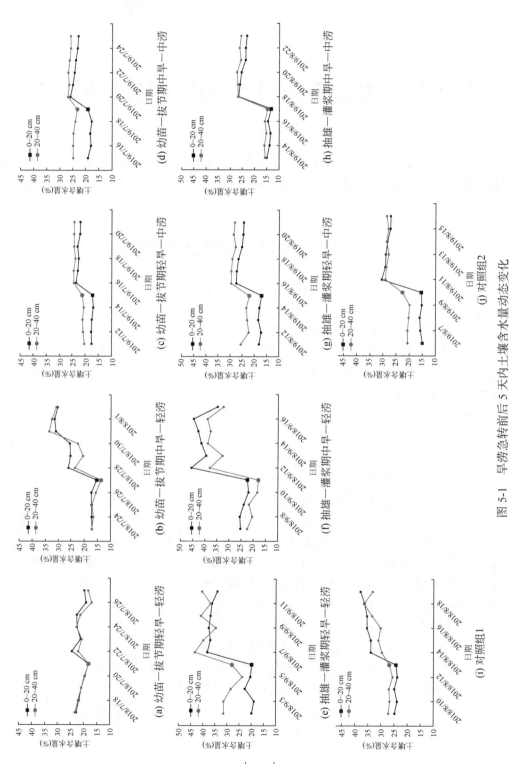

图 5-1 旱涝急转前后 5 天内土壤含水量动态变化

5.2 旱涝急转对土壤结构的影响

试验期间，分别采集并检测了幼苗—拔节期轻旱—中涝处理（LMsj）、幼苗—拔节期中旱—中涝处理（MMsj）、抽雄—灌浆期轻旱—中涝处理（LMtg）、抽雄—灌浆期中旱—中涝（MMtg）处理以及对照组（CS）处理的基底值（BV）、降雨前（BPre）、降雨后（APre）和成熟期（M）0～20 cm 和 20～40 cm 土层共 114 个样品的机械组成、总孔隙度、水稳性大团聚体、pH 和有机质等参数。

5.2.1 机械组成

试验主要对土壤粒径为 0.02～2 mm 的沙粒含量、0.005～0.02 mm 的粉（砂）含量和＜0.005 mm 的黏粒含量进行检测分析。与基底值相比，旱涝急转处理 0～40 cm 土层发生旱涝急转后沙粒含量平均减少 2%，粉粒含量平均增加 11%，黏粒含量平均减少 9%[图 5-2（a）]；其中，0～20 cm 土层发生旱涝急转后沙粒含量平均减少 3%，粉粒含量平均增加 12%，黏粒含量平均减少 9%[图 5-2（b）]；20～40 cm 土层发生旱涝急转后沙粒含量平均减少 1%，粉粒含量平均增加 10%，黏粒含量平均减少 9%[图 5-2（c）]。与基底值相比，对照组 0～40 cm 土层发生旱涝急转后沙粒含量减少 4%，粉粒含量增加 12%，黏粒含量减少 8%[图 5-2（a）]；其中，0～20 cm 土层发生旱涝急转后沙粒含量减少 1%，粉粒含量增加 10%，黏粒含量减少 9%[图 5-2（b）]；20～40 cm 土层发生旱涝急转后沙粒含量减少 7%，粉粒含量增加 13%，黏粒含量减少 6%[图 5-2（c）]。结果分析可得，旱涝急转对表层土壤机械组成整体上看影响不大，均为表层土中小部分的沙粒和黏粒转变成粉粒。

对比成熟期与基底值表层土壤机械组成可知，旱涝急转处理 0～40 cm 土层沙粒、粉粒和黏粒含量平均增加 -2%、11% 和 -9%[图 5-2（a）]；其中，0～20 cm 土层沙粒、粉粒和黏粒含量平均增加 -3%、12% 和 -9%[图 5-2（b）]；20～40 cm 土层沙粒、粉粒和黏粒含量平均增加 -1%、10% 和 -9%[图 5-2（c）]。与基底值相比，对照组 0～40 cm 土层沙粒、粉粒和黏粒含量增加 -1%、9% 和 -8%[图 5-2（a）]；其中，0～20 cm 土层沙粒、粉粒和黏粒含量增加 7%、4% 和 -11%[图 5-2（b）]；20～40 cm 土层沙粒、粉粒和黏粒含量增加 -8%、15% 和 6%[图 5-2（c）]。由此得出，夏玉米生育期经历旱涝急转，表层土中小部分的沙粒和黏粒转变成粉粒，对照组 0～40 cm 和 20～40 cm 土层有类似规律，而 0～20 cm 土层表现为沙粒和粉粒转变成黏粒。

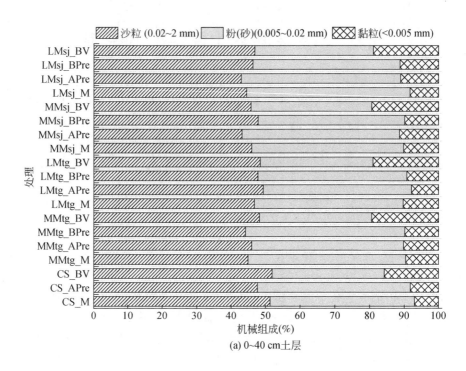

(a) 0~40 cm土层

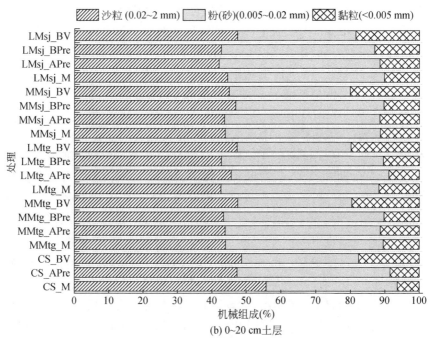

(b) 0~20 cm土层

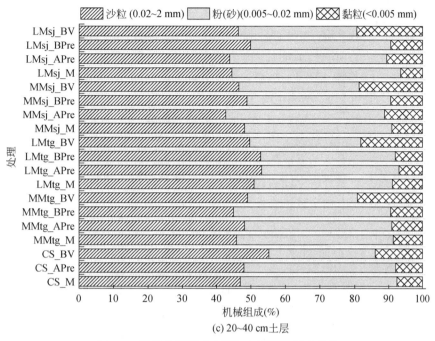

图 5-2　旱涝急转下（中涝）土壤机械组成变化

5.2.2　总孔隙度

通过对比图 5-3（a）中蓝色柱图可得出，与对照组相比，旱涝急转发生后 0～40 cm 层土壤的总孔隙度平均增加 3%（增幅 7%）；且旱涝急转中干旱程度越大，总孔隙度越大；旱涝急转发生在抽雄—灌浆期的土壤总孔隙度较幼苗—拔节期大。0～20 cm 和 20～40 cm 土层有类似规律 [图 5-3（b）]。

与基底值相比，旱涝急转后（降雨后）土壤总孔隙度均增大，幼苗—拔节期处理平均增加 6%（增幅 16%），抽雄—灌浆期处理平均增加 11%（增幅 29%），轻旱—中涝处理平均增加 5%（增幅 14%），中旱—中涝处理平均增加 12%（增幅 31%）。

与基底值相比，旱涝急转干旱阶段结束后（降雨前）土壤总孔隙度均增大，幼苗—拔节期处理平均增加 2%（增幅 5%），抽雄—灌浆期处理平均增加 4%（增幅 11%），轻旱—中涝处理平均增加 1%（增幅 2%），中旱—中涝处理平均增加 5%（增幅 14%）。

与基底值相比，成熟期收玉米时土壤总孔隙度均增大，幼苗—拔节期处理平均增加 7%（增幅 29%），抽雄—灌浆期处理平均增加 17%（增幅 43%），轻旱—中涝处理平均增加 14%（增幅 38%），中旱—中涝处理平均增加 13%（增幅

34%）。

与旱涝急转干旱阶段结束后（降雨前）相比，旱涝急转后（降雨后）土壤总孔隙度均增大，幼苗—拔节期处理平均增加 4%（增幅 11%），抽雄—灌浆期处理平均增加 7%（增幅 16%），轻旱—中涝处理平均增加 5%（增幅 12%），中旱—中涝处理平均增加 7%（增幅 15%）。

结果分析得出，旱涝急转中干旱阶段和洪涝阶段，土壤总孔隙度均会增大，且干旱程度越大，增幅越大。旱涝急转发生在抽雄—灌浆期对土壤总孔隙度的影响比幼苗—拔节期大。与基底值相比，成熟期土壤总孔隙度均增大，这与成熟后期玉米部分根系萎缩释放空间占位有关；且对照组因根系基数较旱涝急转处理组大，土壤总孔隙度也相应较旱涝处理处理组大。

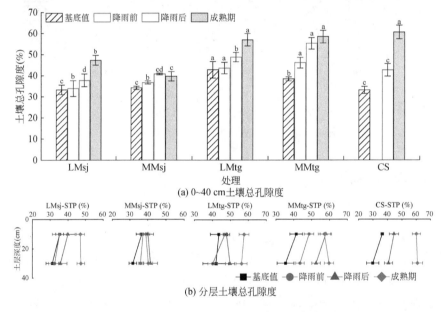

(a) 0~40 cm土壤总孔隙度

(b) 分层土壤总孔隙度

图 5-3　旱涝急转下（中涝）土壤总孔隙度变化

通过文献阅读可知，干旱和洪涝均有可能使土壤孔隙度增大（Turner and Haygarth，2003；Wei et al.，2012；Merten et al.，2016；Guillaume et al.，2016），且干旱越久，土壤孔隙度增加越明显（Turner and Haygarth，2003），这与我们试验旱涝急转中干旱和洪涝阶段的分析结果相吻合。抽雄—灌浆期发生旱涝急转使土壤总孔隙度较幼苗—拔节期增加更明显，可从以下几个方面解释：①幼苗—拔节期根系相对较少，对土壤空间占位较小，发生旱涝急转后，因根系死亡或萎缩释放的土壤占位小，因此幼苗—拔节期总孔隙度增加相对较小；②抽雄—灌浆期发生旱涝急转根系会变细，根系与土壤之间缝隙增大，而幼苗—拔节期适度的旱涝急转反而能促进根系下扎生长，根系与土壤间的缝隙相对较小，因此幼苗—拔节期总孔隙度增加较为明显。

5.2.3　水稳性大团聚体

试验主要针对土壤中直径为 3～5 mm、2～3 mm、1～2 mm、0.5～1 mm、0.25～0.5 mm、< 0.25mm 的团聚体进行检测分析。与对照组相比，旱涝急转发生后（APre）0～40 cm 层土壤的水稳性大团聚体减少约5%（降幅13%）；其中直径 3～5 mm 的水稳性大团聚体减少最明显（减少9%，降幅45%）。0～20 cm 和 20～40 cm 土层有类似规律（图 5-4）。0～20 cm 土壤水稳性大团聚体比例整体较 20～40 cm 小。

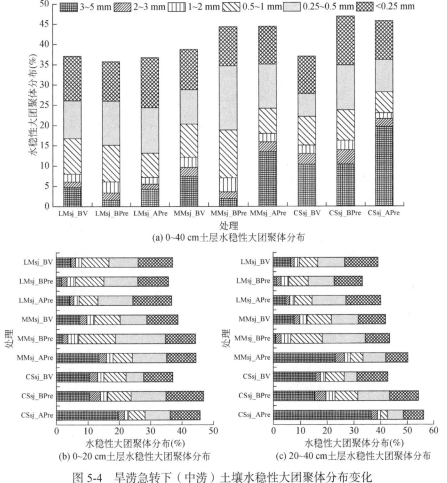

图 5-4　旱涝急转下（中涝）土壤水稳性大团聚体分布变化

与基底值相比,旱涝急转后(APre),除幼苗—拔节期轻旱—中涝处理0～20 cm土层略减小,其他处理的土壤水稳性大团聚体分布比例均增大。与基底值相比,旱涝急转中干旱阶段结束后(BPre),表层土壤中直径3～5 mm的水稳性大团聚体比例减少最为明显,平均减少7%(降幅为70%);且干旱程度越大,下降越明显,中旱—中涝处理较轻旱—中涝处理减少量大9%(降幅为7%)。降雨前后,土壤水稳性团聚体比例变化不大,可知旱涝急转中洪涝阶段影响较弱。

较正常对照组,旱涝急转发生使得土壤中水稳性大团聚体减少,这主要是由旱涝急转中的干旱阶段决定。已有研究表明,干旱能使土壤中大的团聚体破裂(Turner and Haygarth,2003;Wei et al.,2012),这在本试验中得到验证,尤其是直径3～5 mm的水稳性大团聚体比例变化。

5.3 旱涝急转对土壤基本化学性质的影响

5.3.1 pH

通过对比图5-5(a)中蓝色柱图可知,与对照组相比,旱涝急转发生后0～40 cm土壤的pH平均增加0.77(增幅11%);且旱涝急转中干旱程度越大,pH相对略大;旱涝急转发生在抽雄—灌浆期的土壤pH较幼苗—拔节期大。0～20 cm和20～40 cm土层有类似规律[图5-5(b)],且20～40 cm土层pH变化更剧烈。

与基底值相比,旱涝急转后(降雨后)pH均降低,幼苗—拔节期处理平均下降0.35(降幅为5%),抽雄—灌浆期处理平均下降0.19(降幅为3%),轻旱—中涝处理平均下降0.30(降幅为4%),中旱—中涝处理平均下降0.25(降幅为3%),对照组pH下降0.27(降幅为4%)。

与基底值相比,旱涝急转干旱阶段结束后(降雨前)pH均降低,幼苗—拔节期处理平均下降0.43(降幅为6%),抽雄—灌浆期处理平均下降0.23(降幅为3%),轻旱—中涝处理平均下降0.37(降幅为5%),中旱—中涝处理平均下降0.29(降幅为4%)。

与旱涝急转干旱阶段结束后(降雨前)相比,旱涝急转后(降雨后)pH均升高,幼苗—拔节期处理平均增加0.08(增幅为1%),抽雄—灌浆期处理平均增加0.04(增幅为0.5%),轻旱—中涝处理平均增加0.07(增幅为1%),中旱—中涝处理平均增加0.04(增幅为0.6%)。

结果分析得出,旱涝急转中干旱阶段和洪涝阶段,土壤pH分别降低和升高,且干旱程度越大,降幅越小;洪涝等级相同时,洪涝阶段土壤pH的增幅相近。旱涝急转发生在幼苗—拔节期对土壤pH的影响比抽雄—灌浆期大。与基底值相比，成熟期旱涝急转处理土壤 pH 降低，而对照组 pH 升高。

通过文献阅读可知，洪涝能使土壤 pH 升高（Zhang et al.，2003；Chacon et al.，2005），这与我们试验旱涝急转中洪涝阶段的分析结果相吻合。有学者研究得出，干旱区表层土壤尤其是 20～40 cm 土壤 pH 有较大变幅（康璇等，2016）；干湿交替过程中土壤受涝时 pH 升高，受干后 pH 降低，但随着受干旱持续时间增加，pH 升高（王明等，2014）。这些可以解释本试验得出的干旱结束后中旱—中涝处理下 pH 降幅较轻旱—中涝处理低的现象。中旱—中涝处理使 pH 升高的叠加效应较轻旱—中涝处理大，故旱涝急转后中旱—中涝处理的土壤 pH 较轻旱—中涝处理高。幼苗—拔节期发生旱涝急转对土壤 pH 的影响比抽雄—灌浆期大的原因可能是幼苗—拔节期根系生长活动较抽雄—灌浆期旺盛，根系分泌物及微生物活动对土壤 pH 也会有一定的影响，而它们对土壤水分变化较为敏感，土壤 pH 也随之显著变化。

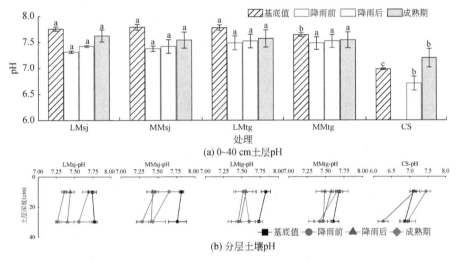

图 5-5　旱涝急转下（中涝）土壤 pH 变化

5.3.2　有机质

通过对比图 5-6（a）中蓝色柱图可知，与对照组相比，旱涝急转发生后 0～40 cm 层土壤的有机质含量平均减少 4.04 g/kg（降幅 27%）；旱涝急转发生在幼苗—拔节期的土壤有机质含量较抽雄—灌浆期低。0～20 cm 和 20～40 cm 土层有类似规律 [图 5-6（b）]。

与基底值相比，旱涝急转后（降雨后），除幼苗—拔节期轻旱—中涝处理减少 1.02 g/kg（降幅 11%）外，其他处理土壤有机质含量均增大。幼苗—拔节期中旱—中涝处理增加 0.42 g/kg（增幅为 5%）；抽雄—灌浆期处理平均增加 0.71 g/kg（增幅为 6%），抽雄—灌浆期轻旱—中涝处理增加 0.50 g/kg（增幅为 5%），抽雄—灌浆期中旱—中涝处理平均增加 0.67 g/kg（增幅为 6%）；对照组增加 1.92 g/kg（增幅为 15%）。

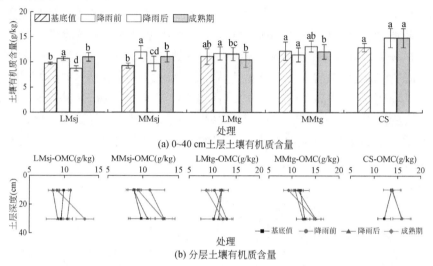

(a) 0~40 cm土层土壤有机质含量

(b) 分层土壤有机质含量

图 5-6　旱涝急转下（中涝）土壤有机质含量变化

与基底值相比，旱涝急转干旱阶段结束后（降雨前），除抽雄—灌浆期中旱—中涝处理减少 0.74 g/kg（降幅为 6%）外，其他处理土壤有机质含量均增大。幼苗—拔节期处理平均增加 1.83 g/kg（增幅为 20%），幼苗—拔节期轻旱—中涝处理增加 0.94 g/kg（增幅为 10%），幼苗—拔节期中旱—中涝处理增加 2.71 g/kg（增幅为 29%）；抽雄—灌浆期轻旱—中涝处理增加 0.61 g/kg（增幅为 6%）。

与基底值相比，幼苗—拔节期旱涝急转处理组和对照组成熟期收玉米时土壤有机质含量均增大，抽雄—灌浆期旱涝处理组土壤有机质含量减小；幼苗—拔节期处理平均增加 1.53 g/kg（增幅为 16%），对照组增加 1.91 g/kg（增幅为 15%），抽雄—灌浆期处理平均减少 0.39 g/kg（降幅为 3%）。

与旱涝急转干旱阶段结束后（降雨前）相比，旱涝急转后（降雨后），除抽雄—灌浆期中旱—中涝处理增加 1.66 g/kg（增幅为 15%）外，其他处理土壤有机质含量均减少。幼苗—拔节期处理平均减少 2.13 g/kg（降幅为 19%），幼苗—拔节期轻旱—中涝处理减少 1.96 g/kg（降幅为 18%），幼苗—拔节期中旱—中涝处理减少 2.30 g/kg（降幅为 19%）；抽雄—灌浆期轻旱—中涝处理减少 0.11 g/kg（降幅为 1%）。

结果分析得出，整体上看，旱涝急转中干旱阶段均会使土壤有机质含量增加，幼苗—拔节期旱涝急转洪涝阶段土壤有机质含量较干旱阶段减少但比基底值大，抽雄—灌浆期则继续增加。

研究表明，干旱使土壤大团聚体破裂进而促使土壤有机质降解加速（Turner and Haygarth，2003；Wei et al.，2012），洪涝会促进土壤有机质降解（Mclatchey and Reddy，1998；Scalenghe et al.，2002；Tang et al.，2016），这与我们试验旱涝急转发生后较对照组土壤水稳性大团聚体占比、有机质含量较小的结果相吻合。各处理有机质含量变化规律不尽一致的可能原因是夏玉米生长需要有机质等营养元素，分解吸收过程复杂。

第6章 旱涝急转对土壤微生物群落的影响

6.1 旱涝急转对土壤细菌群落的影响

试验期间，分别采集了幼苗—拔节期和抽雄—灌浆期四种旱涝急转情景以及对照组基底值、降雨前、降雨后、成熟期的 0～20 cm 和 20～40 cm 土层共186 个样品进行细菌 16S rDNA 测序。

6.1.1 细菌菌群多样性

基于操作分类单元（OTU），对细菌菌群多样性进行分析，获得群落覆盖度指数（Coverage 指数）、群落丰富度指数（Chao 指数、ACE 指数）和群落多样性指数（Shannon 指数、Simpson 指数）。各试验处理 0～40 cm 土层的细菌菌群的 OTU 数目和多样性指数列于表 6-1，数值为 0～20 cm 和 20～40 cm 土层各 3 个样品的均值。

表 6-1　不同旱涝急转处理 0～40 cm 土层细菌菌群多样性指数表

处理	OTU	Coverage 指数	ACE 指数	Chao 指数	Shannon 指数	Simpson 指数
LLsj-BV	3484	0.98	4326	4343	6.79	0.0033
LLsj-APre	1896	0.98	2264	2303	6.46	0.0041
MLsj-BV	3259	0.98	3981	4004	6.76	0.0032
MLsj-APre	2409	0.99	2701	2718	6.67	0.0031
LLtg-BV	2978	0.99	3610	3653	6.63	0.0037
LLtg-BPre	2098	0.99	2367	2044	6.51	0.0035
LLtg-APre	2027	0.99	2271	2296	6.49	0.0039
MLtg-BV	3091	0.99	3795	3830	6.52	0.0068
MLtg-BPre	2579	0.99	2896	2916	6.71	0.0030
MLtg-APre	2439	0.99	2787	2789	6.60	0.0040

续表

处理	OTU	Coverage 指数	ACE 指数	Chao 指数	Shannon 指数	Simpson 指数
CS1-BV	3400	0.98	4243	4259	6.66	0.0045
CS1-APre	1310	1.00	1372	1384	6.24	0.0040
LMsj_BV	2801	0.97	3694	3724	6.61	0.0062
LMsj_BPre	2745	0.97	3534	3513	6.65	0.0047
LMsj_APre	3167	0.98	4036	3983	6.56	0.0059
LMsj_M	3553	0.97	4890	4876	6.80	0.0031
MMsj_BV	2726	0.97	3661	3709	6.64	0.0045
MMsj_BPre	3327	0.98	4258	4269	6.77	0.0033
MMsj_APre	2684	0.98	3355	3387	6.42	0.0074
MMsj_M	3482	0.97	4795	4765	6.79	0.0035
LMtg_BV	2666	0.97	3575	3570	6.64	0.0043
LMtg_BPre	2527	0.97	3384	3291	6.56	0.0056
LMtg_APre	2350	0.98	3065	3065	6.25	0.0079
LMtg_M	3191	0.97	4431	4437	6.69	0.0033
MMtg_BV	2646	0.97	3655	3662	6.58	0.0050
MMtg_BPre	2706	0.97	3478	3491	6.58	0.0081
MMtg_APre	2470	0.97	3219	3196	6.52	0.0043
MMtg_M	3257	0.97	4584	4586	6.69	0.0036
CS2_BV	2586	0.98	3208	3175	6.58	0.0042
CS2_APre	2654	0.97	3381	3328	6.41	0.0101
CS2_M	3254	0.96	4580	4576	6.78	0.0032

试验样品的覆盖度指数均维持在 1.00 左右，说明高通量测序在识别每个样品微生物组成方面具有较高的质量。各处理 0 ~ 40 cm 土层的 OTU 数目在 1310 到 3553 之间，不同处理不同采样节点 OTU 数目差异较明显。与基底值相比，旱涝急转后，轻旱—轻涝处理、中旱—轻涝处理、抽雄—灌浆期轻旱—中涝处理以及中旱—中涝处理的 OTU 数目均减少（降幅分别为 39%、24%、12% 和 7%），幼苗—拔节期轻旱—中涝处理 OTU 数目增多（增幅为 13%）；对照组 CS1 减少（降幅为 62%），CS2 增多（增幅为 3%）。旱涝急转后各处理的 OTU 数目从小到大排序为 CS1、LLsj、LLtg、MLsj、LMtg、MLtg、MMtg、CS2、MMsj、

LMsj，即整体上看，旱涝急转后轻旱—轻涝处理 OTU 数目小于中旱—轻涝处理，抽雄—灌浆期中涝处理 OTU 数目小于幼苗—拔节期中涝处理，轻涝处理 OTU 数目小于中涝处理。与基底值相比，干旱结束后，轻涝处理和轻旱—中涝处理的 OTU 数目均减少（降幅分别为 23% 和 4%），中旱—中涝处理 OTU 数目增多（增幅为 12%）。与干旱结束后相比，旱涝急转后，除幼苗—拔节期轻旱—中涝处理 OTU 数目增加（增幅为 15%），其他处理均减少（降幅为 9%）。成熟期 OTU 数目最大。

各处理 0 ～ 40 cm 土层的 ACE 指数在 1372 到 4890 之间，不同处理和不同采样节点 ACE 指数差异较明显。与基底值相比，旱涝急转后，轻旱—轻涝处理、中旱—轻涝处理、抽雄—灌浆期轻旱—中涝处理以及中旱—中涝处理的 ACE 指数均减小（降幅分别为 42%、29%、14% 和 12%），幼苗—拔节期轻旱—中涝处理 ACE 指数增大（增幅为 9%）；对照组 CS1 减小（降幅为 68%），CS2 增多（增幅为 5%）。旱涝急转后各处理的 ACE 指数由小到大排序为 CS1、LLsj、LLtg、MLsj、MLtg、LMtg、MMtg、MMsj、CS2、LMsj，即整体上看，旱涝急转后轻旱—轻涝处理 ACE 指数小于中旱—轻涝处理，抽雄—灌浆期处理 ACE 指数小于幼苗—拔节期处理，轻涝处理 ACE 指数小于中涝处理。与基底值相比，干旱结束后，轻涝处理、轻旱—中涝处理以及抽雄—灌浆期中旱—中涝处理的 ACE 指数均减小（降幅分别为 29%、5% 和 5%），幼苗拔节期中旱—中涝处理 ACE 指数增大（增幅为 16%）。与干旱结束后相比，旱涝急转后，除幼苗—拔节期轻旱—中涝处理 ACE 指数增大（增幅为 14%），其他处理均减少（降幅为 9%）。成熟期 ACE 指数最大。Chao 指数变化规律与 ACE 指数基本相同。ACE 和 Chao 指数越大，群落丰富度越高，由此推断，旱涝急转后表层土壤中，抽雄—灌浆期处理较幼苗—拔节期处理细菌群落丰富度高；旱涝急转处理中，干旱等级相同时，中涝处理较轻涝处理细菌群落丰富度高，洪涝等级相同时，中旱处理较轻旱处理细菌群落丰富度高，但各旱涝急转处理组细菌群落丰富度均低于对照组。

各处理 0 ～ 40 cm 土层的 Shannon 指数在 6.24 到 6.80 之间，不同处理不同采样节点 Shannon 指数差异较明显。与基底值相比，旱涝急转后，轻旱—轻涝处理、幼苗—拔节期中旱—轻涝处理、轻旱—中涝处理以及中旱—中涝处理的 Shannon 指数均减小（降幅分别为 4%、1%、3% 和 2%），抽雄—灌浆期中旱—轻涝处理 Shannon 指数增大（增幅为 1%）；对照组 Shannon 指数减小（降幅为 4%）。旱涝急转后各处理的 Shannon 指数由小到大排序为 CS1、LMtg、CS2、MMsj、LLsj、LLtg、MMtg、LMsj、MLtg、MLsj，即整体上看，旱涝急转后抽雄—灌浆期轻涝处理 Shannon 指数大于幼苗—拔节期轻涝处理，中涝处理相反；轻涝处理 Shannon 指数大于中涝处理。Simpson 指数变化规律与 Shannon 指数基本相反。

由此推断，旱涝急转后表层土壤中，抽雄—灌浆期处理较幼苗—拔节期处理细菌群落多样性低；干旱等级相同时，轻涝处理较中涝处理细菌群落多样性高；洪涝等级相同时，中旱处理较轻旱处理细菌群落多样性高，但均低于对照组。

各试验处理 0～20 cm 土层的细菌菌群的 OTU 数目和多样性指数列于表 6-2，数值为 0～20 cm 土层的 3 个样品的均值。各处理 0～20 cm 土层的 OTU 数目在 1306 到 3739 之间。反映群落覆盖度、丰富度和多样性的指数的变化规律与 0～40 cm 类似，即旱涝急转发生在抽雄—灌浆期较幼苗—拔节期细菌群落丰富度高，多样性低；干旱等级相同时，中涝处理较轻涝处理细菌群落丰富度高，多样性低；洪涝等级相同时，中旱处理较轻旱处理细菌群落丰富度高，且多样性高。

表 6-2　不同旱涝急转处理 0～20 cm 土层细菌菌群多样性指数表

处理	OTU	Coverage 指数	ACE 指数	Chao 指数	Shannon 指数	Simpson 指数
LLsj-BV	3195	0.98	4024	4046	6.65	0.0039
LLsj-APre	2070	0.98	2456	2475	6.53	0.0045
MLsj-BV	3676	0.98	4510	4558	6.97	0.0025
MLsj-APre	2377	0.99	2674	2687	6.63	0.0031
LLtg-BV	3253	0.99	3954	3979	6.73	0.0036
LLtg-BPre	2099	0.99	2376	2396	6.49	0.0036
LLtg-APre	2048	0.99	2291	2326	6.55	0.0035
MLtg-BV	3306	0.99	4049	4094	6.61	0.0056
MLtg-BPre	2597	0.99	2922	2951	6.75	0.0028
MLtg-APre	2386	0.99	2732	2740	6.58	0.0043
CS-BV	3739	0.98	4477	4496	6.89	0.0033
CS-APre	1306	1.00	1375	1393	6.24	0.0040
LMsj_BV	2834	0.97	3753	3781	6.66	0.0059
LMsj_BPre	2800	0.97	3587	3559	6.69	0.0043
LMsj_APre	3244	0.98	4096	4023	6.60	0.0051
LMsj_M	3572	0.97	4892	4868	6.78	0.0033
MMsj_BV	2714	0.97	3649	3713	6.62	0.0046
MMsj_BPre	3453	0.98	4430	4461	6.83	0.0028
MMsj_APre	2701	0.98	3338	3386	6.41	0.0074
MMsj_M	3381	0.97	4626	4623	6.77	0.0037

续表

处理	OTU	Coverage 指数	ACE 指数	Chao 指数	Shannon 指数	Simpson 指数
LMtg_BV	2572	0.97	3463	3457	6.61	0.0043
LMtg_BPre	2699	0.97	3423	3397	6.73	0.0031
LMtg_APre	2350	0.98	3065	3065	6.25	0.0079
LMtg_M	3228	0.97	4519	4543	6.71	0.0035
MMtg_BV	2683	0.97	3696	3712	6.61	0.0055
MMtg_BPre	2745	0.98	3460	3491	6.53	0.0099
MMtg_APre	2470	0.97	3219	3196	6.52	0.0043
MMtg_M	3188	0.97	4464	4441	6.64	0.0036
CS_BV	2623	0.98	3230	3193	6.60	0.0035
CS_APre	2706	0.97	3462	3367	6.55	0.0058
CS_M	3146	0.96	4447	4436	6.79	0.0031

各试验处理 20 ～ 40 cm 土层细菌菌群的 OTU 数目和多样性指数列于表 6-3，数值为 20 ～ 40 cm 土层的 3 个样品的均值。各处理 20 ～ 40 cm 土层的 OTU 数目在 1315 到 3772 之间。反映群落覆盖度、丰富度和多样性的指数的变化规律与 0 ～ 40 cm 类似，即旱涝急转发生在抽雄—灌浆期较幼苗—拔节期细菌群落丰富度高，多样性低；干旱等级相同时，中涝处理较轻涝处理细菌群落丰富度高，多样性高；洪涝等级相同时，中旱处理较轻旱处理细菌群落丰富度高，多样性高。与 0 ～ 20 cm 土层相比，整体来看，20 ～ 40 cm 土层的 OTU 数目、群落丰富度和多样性指数均相对较低，说明 0 ～ 20 cm 土层的细菌数量和种类较 20 ～ 40 cm 土层多。

表 6-3　不同旱涝急转处理 20 ～ 40 cm 土层细菌菌群多样性指数表

处理	OTU	Coverage 指数	ACE 指数	Chao 指数	Shannon 指数	Simpson 指数
LLsj-BV	3772	0.98	4628	4639	6.94	0.0027
LLsj-APre	1722	0.98	2072	2130	6.40	0.0037
MLsj-BV	2841	0.99	3453	3449	6.56	0.0038
MLsj-APre	2442	0.99	2728	2749	6.72	0.0030
LLtg-BV	2702	0.99	3266	3326	6.54	0.0038
LLtg-BPre	2096	0.99	2358	1692	6.54	0.0033
LLtg-APre	2006	0.99	2252	2266	6.42	0.0042

续表

处理	OTU	Coverage 指数	ACE 指数	Chao 指数	Shannon 指数	Simpson 指数
MLtg-BV	2876	0.99	3541	3566	6.43	0.0080
MLtg-BPre	2561	0.99	2870	2881	6.68	0.0032
MLtg-APre	2492	0.99	2843	2839	6.62	0.0037
CS-BV	3061	0.98	4010	4023	6.43	0.0058
CS-APre	1315	1.00	1370	1374	6.23	0.0040
LMsj_BV	2769	0.97	3636	3667	6.56	0.0066
LMsj_BPre	2690	0.97	3481	3466	6.62	0.0052
LMsj_APre	3091	0.98	3975	3944	6.53	0.0067
LMsj_M	3534	0.97	4889	4883	6.82	0.0029
MMsj_BV	2737	0.97	3673	3704	6.65	0.0043
MMsj_BPre	3201	0.98	4086	4077	6.72	0.0037
MMsj_APre	2666	0.98	3372	3388	6.44	0.0073
MMsj_M	3584	0.97	4963	4907	6.81	0.0033
LMtg_BV	2760	0.97	3687	3684	6.67	0.0042
LMtg_BPre	2355	0.96	3345	3185	6.39	0.0082
LMtg_APre	2715	0.98	3517	3500	6.60	0.0042
LMtg_M	3154	0.97	4342	4331	6.67	0.0031
MMtg_BV	2610	0.97	3613	3612	6.55	0.0044
MMtg_BPre	2667	0.97	3496	3490	6.63	0.0062
MMtg_APre	2590	0.97	3404	3368	6.52	0.0052
MMtg_M	3326	0.97	4704	4730	6.75	0.0036
CS_BV	2550	0.98	3187	3157	6.56	0.0048
CS_APre	2602	0.98	3300	3289	6.27	0.0144
CS_M	3361	0.97	4712	4716	6.77	0.0032

6.1.2 细菌菌群组成

本书中不同土层各处理的细菌群落在门水平的组成如图6-1所示。整个数据集共发现45个门，其中平均相对丰度超过1%的有11个门类，包括Proteobacteria（变形菌门）、Actinobacteria（放线菌门）、Acidobacteria（酸杆菌门）、Chloroflexi（绿弯菌门）、Gemmatimonadetes（芽单胞菌门）、Bacteroidetes（拟杆菌门）、Firmicutes（厚壁菌门）、Rokubacteria、Patescibacteria、Nitrospirae（硝化螺旋菌门）和Verrucomicrobia（疣微菌门），这些门类在0～40 cm土层平均相对丰度分别为28.0%、20.9%、17.5%、14.1%、4.9%、3.1%、2.3%、2.0%、1.4%、1.2%和1.1%[图6-1（a）]；在0～20 cm土层平均相对丰度分别为28.5%、21.3%、16.7%、13.9%、5.1%、3.4%、2.2%、1.7%、1.5%、1.2%和1.0%[图6-1（b）]；在20～40 cm土层平均相对丰度分别为27.5%、20.5%、18.3%、14.3%、4.6%、2.8%、2.5%、2.3%、1.2%、1.1%和1.1%[图6-1（c）]。其他门类占总门类的比例非常小，仅占3.3%～3.8%的序列。可以看出，不同旱涝急转条件下表层土壤中细菌菌群门水平分布存在差异性发展。

细菌群落在门水平相对丰度超过15%的优势菌种有Proteobacteria、Actinobacteria和Acidobacteria。与基底值相比，各处理旱涝急转后Proteobacteria相对丰度大多增加，0～40 cm土层幼苗—拔节期轻旱—轻涝处理、幼苗—拔节期中旱—轻涝处理、抽雄—灌浆期轻旱—轻涝处理、抽雄—灌浆期中旱—轻涝处理、幼苗—拔节期轻旱—中涝处理、幼苗—拔节期中旱—中涝处理、抽雄—灌浆期轻旱—中涝处理以及抽雄—灌浆期中旱—中涝处理，Proteobacteria相对丰度分别增加0.6%、11.9%、0.3%、-2.3%、8.0%、10.5%、4.3%和1.7%（增幅分别为2%、56%、1%、-8%、31%、39%、15%和6%）；对照组CS1和CS2的Proteobacteria相对丰度分别增加-10.0%和10.0%（增幅分别为-30%和44%）。与基底值相比，干旱阶段Proteobacteria相对丰度略有减少或持平。旱涝急转后与干旱阶段相比，各处理Proteobacteria相对丰度均有增加。整体来看，幼苗—拔节期发生旱涝急转后Proteobacteria相对丰度较抽雄—灌浆期大；干旱程度相同时，洪涝程度越大，Proteobacteria相对丰度越大；洪涝程度相同时，干旱程度越大，幼苗—拔节期Proteobacteria相对丰度越大，抽雄—灌浆期相反；且旱涝急转处理旱涝急转后较对照组降雨后Proteobacteria相对丰度大。

与基底值相比，轻旱—轻涝处理和中旱—轻涝处理旱涝急转后Actinobacteria相对丰度增加，轻旱—中涝处理和中旱—中涝处理则减少。0～40 cm土层幼苗—拔节期轻旱—轻涝处理、幼苗—拔节期中旱—轻涝处理、抽雄—灌浆期轻旱—轻涝处理以及抽雄—灌浆期中旱—轻涝处理 Actinobacteria 相对丰度分别增加 4.9%、2.5%、1.1% 和 6.2%（增幅分别为 25%、16%、5% 和 32%）；幼苗—拔节期轻旱—中涝处理、幼苗—拔节期中旱—中涝处理、抽雄—灌浆期轻旱—中涝处理以及抽雄—灌浆期中旱—中涝处理 Actinobacteria 相对丰度分别减少 12.8%、12.0%、16.3% 和 14.6%（降幅分别为 50%、48%、61% 和 56%）；对照组 CS1 和 CS2 的 Actinobacteria 相对丰度分别增加 9.8% 和 –19.4%（增幅分别为 51% 和 –69%）。与基底值相比，干旱阶段 Actinobacteria 相对丰度变化趋势与旱涝急转后相同。旱涝急转后与干旱阶段相比，各处理 Actinobacteria 相对丰度减小。整体来看，干旱程度相同时，洪涝程度越大，Actinobacteria 相对丰度越小；洪涝程度相同时，干旱程度越大，幼苗—拔节期 Actinobacteria 相对丰度越小，抽雄—灌浆期相反；且旱涝急转处理旱涝急转后较对照组降雨后 Actinobacteria 相对丰度大。

与基底值相比，除幼苗—拔节期轻旱—轻涝处理和中旱—轻涝处理旱涝急转后 Acidobacteria 相对丰度减少，其他旱涝急转处理和对照组 Acidobacteria 相对丰度均增加。0 ～ 40 cm 土层幼苗—拔节期轻旱—轻涝处理和幼苗—拔节期中旱—轻涝处理 Acidobacteria 相对丰度分别减少 2.2% 和 10.1%（降幅分别为 13% 和 41%）；抽雄—灌浆期轻旱—轻涝处理、抽雄—灌浆期中旱—轻涝处理、幼苗—拔节期轻旱—中涝处理、幼苗—拔节期中旱—中涝处理、抽雄—灌浆期轻旱—中涝处理以及抽雄—灌浆期中旱—中涝处理 Acidobacteria 相对丰度分别增加 1.8%、1.1%、3.0%、4.0%、8.3% 和 11.6%（增幅分别为 12%、31%、20%、26%、66% 和 94%）；对照组 CS1 和 CS2 的 Acidobacteria 相对丰度分别增加 0.4% 和 8.5%（增幅分别为 3% 和 52%）。与基底值相比，干旱阶段 Acidobacteria 相对丰度均增加。旱涝急转后与干旱阶段相比，除抽雄—灌浆期中涝等级旱涝急转处理，其他处理 Acidobacteria 相对丰度均减小。整体来看，干旱程度相同时，洪涝程度越大，Acidobacteria 相对丰度越大；洪涝程度相同时，干旱程度越大，轻涝等级 Acidobacteria 相对丰度越小，轻涝等级相反；且旱涝急转处理旱涝急转后较对照组降雨后 Acidobacteria 相对丰度小。

0 ～ 20 cm 和 20 ～ 40 cm 土层中细菌门水平优势菌种旱涝急转前后的变化规律与 0 ～ 40 cm 土层相似。整体而言，0 ～ 20 cm 土层细菌门水平优势菌种 Proteobacteria 和 Actinobacteria 的相对丰度较 20 ～ 40 cm 土层大，0 ～ 20 cm 土层 Acidobacteria 的相对丰度较 20 ～ 40 cm 土层小。

研究表明，表层土壤中微生物较为富集且多样性大，玉米土壤优势菌种主要有 Proteobacteria、Actinobacteria 和 Bacteroidetes（Li et al., 2014a；Li et al., 2014b），这与我们试验结果基本吻合。土壤含水量的增加有利于玉米的生长和代谢，也能使优势门如 Proteobacteria 的分布逐渐增加（白恒，2019），这能解释 Proteobacteria 相对丰度在旱涝急转的干旱阶段略减少、旱涝急转后迅速增加的现象。

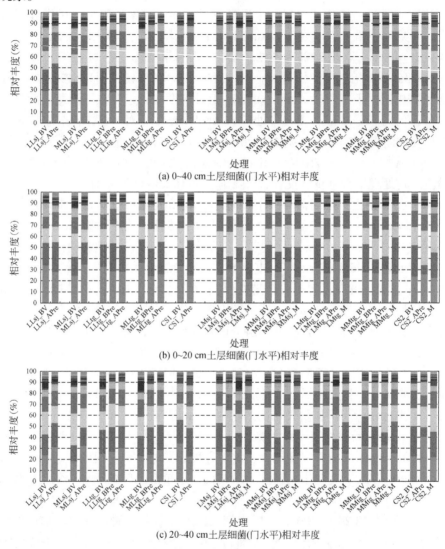

(a) 0~40 cm土层细菌(门水平)相对丰度

(b) 0~20 cm土层细菌(门水平)相对丰度

(c) 20~40 cm土层细菌(门水平)相对丰度

图 6-1　旱涝急转下土壤细菌（门水平）相对丰度

- Proteobacteria　- Actinobacteria　- Acidobacteria　- Chloroflexi　- Gemmatimonadetes　- Bacteroidetes
- Firmicutes　- Rokubacteria　- Patescibacteria　- Nitrospirae　- Verrucomicrobia
- Planctomycetes　- Latescibacteria　- GAL15　- Cyanobacteria　- Others

本书中不同土层的各处理细菌群落在纲水平的组成如图 6-2 所示。整个数据集共发现 121 个纲，其中平均相对丰度超过 1% 的有 20 个纲类，包括 Actinobacteria（放线菌纲）、Alphaproteobacteria（α-变形菌纲）、

Gammaproteobacteria(γ- 变形菌纲)、Subgroup_6、Gemmatimonadetes(芽单胞菌纲)、Chloroflexia (绿弯菌纲)、Blastocatellia_Subgroup_4、Deltaproteobacteria (δ - 变形菌纲)、Anaerolineae(厌氧绳菌纲)、Bacteroidia(拟杆菌纲)、Acidobacteriia(酸

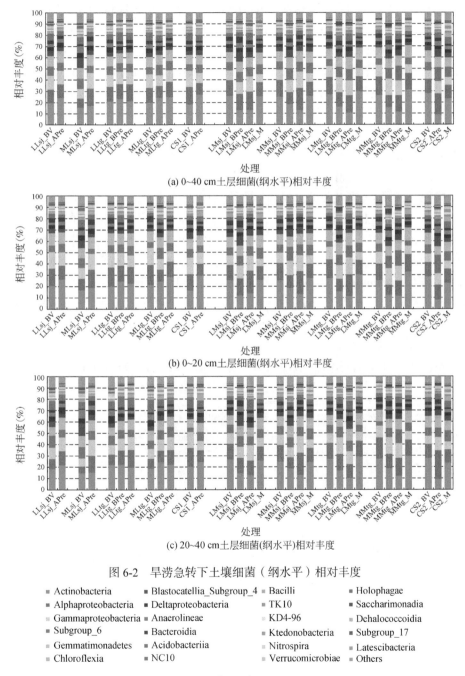

(a) 0~40 cm土层细菌(纲水平)相对丰度

(b) 0~20 cm土层细菌(纲水平)相对丰度

(c) 20~40 cm土层细菌(纲水平)相对丰度

图 6-2　旱涝急转下土壤细菌（纲水平）相对丰度

■ Actinobacteria　　　■ Blastocatellia_Subgroup_4　■ Bacilli　　　　　■ Holophaga
■ Alphaproteobacteria　■ Deltaproteobacteria　　　　■ TK10　　　　　　■ Saccharimonadia
■ Gammaproteobacteria　■ Anaerolineae　　　　　　　KD4-96　　　　　■ Dehalococcoidia
■ Subgroup_6　　　　　■ Bacteroidia　　　　　　　　■ Ktedonobacteria　■ Subgroup_17
■ Gemmatimonadetes　　■ Acidobacteriia　　　　　　　Nitrospira　　　　■ Latescibacteria
■ Chloroflexia　　　　　■ NC10　　　　　　　　　　 Verrucomicrobiae　■ Others

杆菌纲）、NC10、Bacilli（杆菌纲）、TK10、KD4-96、Ktedonobacteria（纤线杆菌纲）、Nitrospira（硝化螺菌纲）、Verrucomicrobiae（疣微菌纲）、Holophagae（全噬菌纲）和Saccharimonadia（糖酵母纲），这些纲类在0～40 cm、0～20 cm和20～40 cm土层的总相对丰度分别为92.2%、92.6%和91.7%。细菌群落在纲水平相对丰度超过5%的优势菌种有Actinobacteria、Alphaproteobacteria、Gammaproteobacteria和Subgroup_6。其中，Actinobacteria和Subgroup_6属于Actinobacteria（放线菌门），Alphaproteobacteria和Gammaproteobacteria属于Proteobacteria（变形菌门）。

可以看出，不同旱涝急转条件下表层土壤中细菌菌群纲水平分布存在差异性发展。整体而言，0～20 cm和20～40 cm土层中细菌纲水平优势菌种旱涝急转前后的变化规律与0～40 cm土层相似；0～20 cm土层的纲水平优势菌种的相对丰度较20～40 cm土层大。

本书整个数据集共发现1261个属，其中平均相对丰度超过1%的有22个属类，除去norank的有9个属类，包括Sphingomonas（鞘氨醇单胞菌属）、RB41、Arthrobacter（节杆菌属）、Gaiella（放线菌属）、Bacillus（芽孢杆菌属）、Bryobacter、Nitrospira（硝化螺旋菌属）、Lysobacter（溶杆菌属）和MND1。其中，Sphingomonas、Lysobacter和MND1属于Proteobacteria（变形菌门），Arthrobacter、Gaiella和Bryobacter属于Actinobacteria（放线菌门），RB41属于Acidobacteria（酸杆菌门），Bacillus属于Firmicutes（厚壁菌门），Nitrospira属于Nitrospirae（硝化螺旋菌门）。

不同土层各处理细菌群落在属水平丰度前30的物种如图6-3所示。从图中可以看出，不同旱涝急转条件下表层土壤中细菌菌群属水平分布存在差异性发

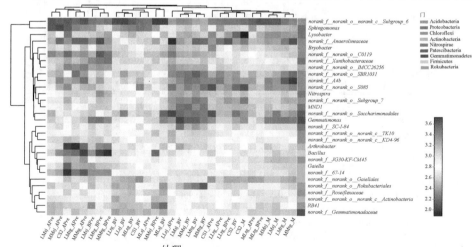

(a) 0~40 cm土壤细菌(属水平)丰度前30物种热图

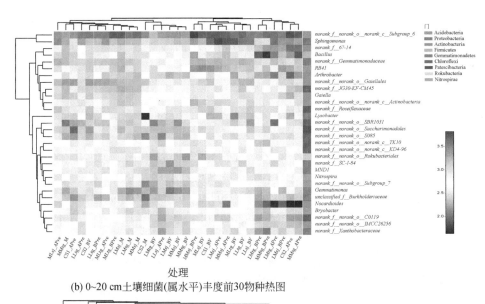

(b) 0~20 cm土壤细菌(属水平)丰度前30物种热图

(c) 20~40 cm土壤细菌(属水平)丰度前30物种热图

图 6-3　旱涝急转下土壤细菌（属水平）丰度前 30 的物种热图

展。整体而言，旱涝急转后细菌群落丰度前 30 的属水平优势菌种与对照组相比丰度有所增加，且干旱阶段和洪涝阶段均有增加。同样，0～20 cm 和 20～40 cm 土层中细菌属水平优势菌种旱涝急转前后的变化规律与 0～40 cm 土层相似；0～20 cm 土层细菌属水平优势菌种的相对丰度较 20～40 cm 土层大。

　　根据表层土壤细菌群落在门、纲和属水平的分析结果可知，旱涝急转对表层土壤细菌菌群分布有一定影响，且不同旱涝急转程度下细菌菌群分布存在差异性发展。不同土壤分层中，0～20 cm 土层细菌群落优势菌种的相对丰度较 20～40 cm 土层大。为进一步探讨旱涝急转对细菌菌群分布影响的差异性和显著性，6.1.3 节将展开详细分析。

6.1.3　细菌菌群差异分析

对 0～40 cm 土层细菌群落按不同旱涝急转处理对样本进行分组，各组样品旱涝急转后细菌 OTU 水平的 NMDS 分析如图 6-4 所示。NMDS 图的 stress 值小于 0.2，表明该分析有统计学意义。从图中可以得出，各组样品内部有较好的相关性，相关系数 R 约为 0.60；各组样品之间有很好的差异性，P 值等于 0.001。对照组和旱涝急转处理组之间有较明显的差异，旱涝急转处理组之间 OTU 有大部分重叠，这说明旱涝急转的发生对表层土壤细菌群落组成和分布有较为显著的影响，且不同等级旱涝急转影响程度均不相同。

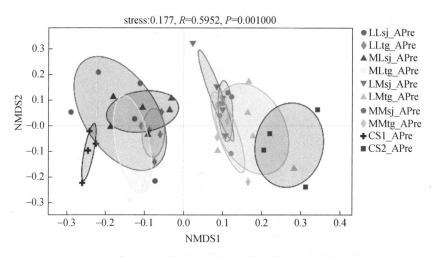

图 6-4　各处理旱涝急转后表层土壤细菌 NMDS 分析图

对 0～40 cm 土层细菌群落按不同旱涝急转处理对样本进行分组，各组样品经历旱涝急转后（中涝）成熟期细菌 OTU 水平的 NMDS 分析如图 6-5 所示。NMDS 图的 stress 值小于 0.2，表明该分析有统计学意义。从图中可以得出，各组样品内部有一定的相关性（$R = 0.38$），各组样品之间有很好的差异性（$P = 0.001$）。对照组和旱涝急转处理组之间有明显的差异，旱涝急转处理组之间 OTU 有大部分重叠，这说明旱涝急转发生后直到夏玉米生育期结束都会对表层土壤中细菌群落组成和分布有较为显著的影响，且不同等级旱涝急转影响程度均不相同。

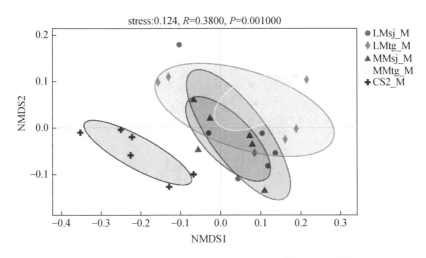

图 6-5　各处理成熟期（中涝）表层土壤细菌 NMDS 分析图

　　为了更直观地了解旱涝急转具体对哪些细菌菌种有显著影响，各处理旱涝急转后 0 ～ 40 cm 表层土壤细菌在不同水平的 Kruskal-Wallis 秩和检验图详见图 6-6。在门水平，旱涝急转后有很强的显著性差异（$P < 0.001$）的物种有 Actinobacteria 和 Firmicutes；有较强的显著性差异（$P < 0.01$）的物种有 Patescibacteria；有显著性差异（$P < 0.05$）的物种有 Proteobacteria、Acidobacteria、Chloroflexi、Gemmatimonadetes 和 Bacteroidetes。在纲水平，旱涝急转后有很强的显著性差异（$P < 0.001$）的物种有 Actinobacteria 和 Bacilli；有较强的显著性差异（$P < 0.01$）的物种有 Chloroflexia；有显著性差异（$P < 0.05$）的物种有 Alphaproteobacteria、Gammaproteobacteria、Gemmatimonadetes、Blastocatellia_Subgroup_4、Deltaproteobacteria、Bacteroidia、Bacilli 和 TK10。在科水平，旱涝急转后有很强的显著性差异（$P < 0.001$）的物种有 Sphingomonadaceae、norank_o_Gaiellales、JG30-KF-CM45、Gaiellaceae 和 Bacillaceae；有较强的显著性差异（$P < 0.01$）的物种有 Micrococcaceae；有显著性差异（$P < 0.05$）的物种有 Roseiflexaceae、Xanthomonadaceae、norank_o_norank_c_TK10 和 Chitinophagaceae。与相对丰度分析结果综合分析可知，旱涝急转发生后对表层土壤中细菌群落不同水平的优势菌种均有显著影响，可见旱涝急转对表层土壤细菌组成和分布有重要影响，进而也会影响土壤和作物中的磷代谢过程。

6.2　旱涝急转对土壤真菌群落的影响

　　试验期间，分别采集了幼苗—拔节期和抽雄—灌浆期两种旱涝急转情景（中

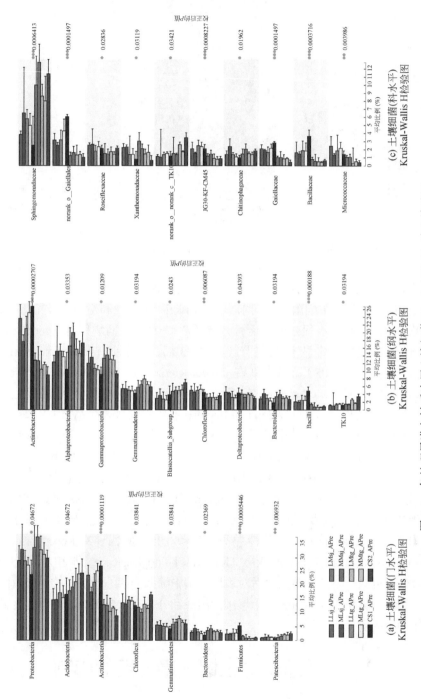

图 6-6　各处理旱涝急转后表层土壤细菌 Kruskal-Wallis 秩和检验图

*，$P < 0.05$；**，$P < 0.01$；***，$P < 0.001$

涝等级）以及对照组基底值、降雨前、降雨后、成熟期的 0 ～ 20 cm 和 20 ～ 40 cm 土层共 57 个样品进行真菌 16S rDNA 测序。

6.2.1 真菌菌群多样性

基于 OTU，对真菌菌群多样性进行分析，各试验处理 0 ～ 40 cm 土层的真菌菌群的 OTU 数目和多样性指数列于表 6-4。

试验样品的覆盖度指数均维持在 1.00 左右，说明高通量测序在识别每个样品微生物组成方面具有较高的质量。各处理 0 ～ 40 cm 土层的 OTU 数目在 349 到 537 之间，不同处理不同采样节点 OTU 数目差异较明显。与基底值相比，旱涝急转后，除幼苗—拔节期中旱—中涝处理 OTU 数目减少（降幅为 8%）外，其他旱涝急转处理和对照组的 OTU 数目均增加（增幅分别为 18% 和 33%）。旱涝急转后各处理的 OTU 数目从小到大排序为：MMsj、LMtg 和 MMtg、CS2、LMsj，即整体上看，旱涝急转后轻旱—中涝处理 OTU 数目大于中旱—中涝处理，旱涝急转处理组 OTU 数目小于对照组。与基底值相比，干旱结束后，除抽雄—灌浆期轻旱—中涝处理 OTU 数目减少（降幅为 12%）外，其他旱涝急转处理的 OTU 数目均增加（平均增幅为 11%）。与干旱结束后相比，旱涝急转后，轻旱—中涝处理 OTU 数目增加（增幅为 25%），中旱—中涝处理 OTU 数目减少（降幅为 11%）。成熟期 OTU 数目最大。

各处理 0 ～ 40 cm 土层的 ACE 指数在 365 到 585 之间，不同处理不同采样节点 ACE 指数差异较明显。与基底值相比，旱涝急转后，除幼苗—拔节期轻旱—轻涝处理 ACE 指数增加（增幅为 18%）外，其他旱涝急转处理和对照组的 ACE 指数均减小（降幅分别为 16% 和 6%）。旱涝急转后各处理的 ACE 指数从小到大排序为：MMsj、LMtg、MMtg、CS2、LMsj，即整体上看，旱涝急转后轻旱—中涝处理 ACE 指数大于中旱—中涝处理，抽雄—灌浆期处理 ACE 指数大于幼苗—拔节期处理。与基底值相比，干旱结束后，各旱涝急转处理的 ACE 指数均减小（平均降幅为 15%），且抽雄—灌浆期旱涝急转处理降幅更大。与干旱结束后相比，旱涝急转后，除幼苗—拔节期中旱—中涝处理 ACE 指数减小（降幅为 19%），其他处理均增大（平均增幅为 20%）。成熟期 ACE 指数最大。Chao 指数变化规律与 ACE 指数基本相同。ACE 指数和 Chao 指数越大，群落丰富度越高，由此推断，旱涝急转后，表层土壤中，抽雄—灌浆期处理较幼苗—拔节期处理真菌群落丰富度高，整体低于对照组；中涝等级的旱涝急转中，轻旱处理较中旱处理真菌群落丰富度高。

各处理 0 ～ 40 cm 土层的 Shannon 指数在 3.12 到 4.42 之间，不同处理不同采样节点 Shannon 指数差异较明显。与基底值相比，旱涝急转后，除抽雄 - 灌浆中旱—中涝处理 Shannon 指数减小（降幅为 22%）外，其他旱涝急转处理和对照组的 Shannon 指数均增大（增幅分别为 11% 和 31%）。旱涝急转后各处理的 Shannon 指数从小到大排序为：MMtg、MMsj、LMtg、LMsj、CS2，即整体上看，旱涝急转后轻旱—中涝处理 Shannon 指数大于中旱—中涝处理，抽雄—灌浆期处理 Shannon 指数小于幼苗—拔节期处理，旱涝急转处理组 Shannon 指数小于对照组。

Simpson 指数变化规律与 Shannon 指数基本相反。Shannon 指数越大，群落多样性越高，Simpson 指数越大，群落多样性越低，由此推断，旱涝急转后表层土壤中，抽雄—灌浆期处理较幼苗—拔节期处理真菌群落多样性较低，整体低于对照组；中涝等级的旱涝急转中，轻旱处理较中旱处理真菌群落多样性高。

表 6-4　不同旱涝急转处理 0～40 cm 土层真菌菌群多样性指数表

处理	OTU	Coverage 指数	ACE 指数	Chao 指数	Shannon 指数	Simpson 指数
LMsj_BV	366	0.99	459	463	3.75	0.065
LMsj_BPre	411	1.00	438	448	4.22	0.034
LMsj_APre	515	1.00	540	547	4.14	0.049
LMsj_M	447	1.00	483	501	4.09	0.051
MMsj_BV	401	1.00	502	515	3.50	0.164
MMsj_BPre	467	1.00	484	487	3.93	0.058
MMsj_APre	370	1.00	394	404	4.04	0.041
MMsj_M	492	1.00	523	531	4.19	0.049
LMtg_BV	398	0.99	527	530	3.50	0.092
LMtg_BPre	349	1.00	365	376	4.42	0.027
LMtg_APre	437	1.00	479	482	3.74	0.057
LMtg_M	537	1.00	580	581	4.22	0.040
MMtg_BV	423	0.99	585	584	3.99	0.043
MMtg_BPre	441	1.00	465	464	4.26	0.033
MMtg_APre	437	1.00	484	494	3.12	0.150
MMtg_M	519	1.00	569	583	4.02	0.047
CS2_BV	350	1.00	528	479	3.25	0.099
CS2_APre	466	1.00	495	508	4.24	0.039
CS2_M	522	1.00	579	590	4.05	0.043

各试验处理 0～20 cm 土层的真菌菌群的 OTU 数目和多样性指数列于表 6-5。各处理 0～20 cm 土层的 OTU 数目在 276 到 606 之间。反映群落覆盖度、丰富度和多样性的指数的变化规律与 0～40 cm 类似，即旱涝急转发生在抽雄—灌浆期较幼苗—拔节期真菌群落丰富度高，多样性低，均低于对照组；中涝等级的旱涝急转中，轻旱处理较中旱处理真菌群落丰富度高，且多样性高。

表 6-5　不同旱涝急转处理 0～20 cm 土层真菌菌群多样性指数表

处理	OTU	Coverage 指数	ACE 指数	Chao 指数	Shannon 指数	Simpson 指数
LMsj_BV	419	1.00	510	495	4.15	0.034
LMsj_BPre	412	1.00	438	453	4.12	0.039
LMsj_APre	507	1.00	534	541	4.16	0.049
LMsj_M	410	1.00	429	439	4.38	0.027
MMsj_BV	329	1.00	404	406	2.64	0.299
MMsj_BPre	442	1.00	458	465	3.87	0.064
MMsj_APre	308	1.00	321	318	4.01	0.040
MMsj_M	481	1.00	509	520	4.50	0.023
LMtg_BV	370	1.00	485	485	3.39	0.100
LMtg_BPre	330	1.00	341	346	4.34	0.030
LMtg_APre	411	1.00	470	480	3.71	0.059
LMtg_M	451	1.00	476	477	4.34	0.028
MMtg_BV	367	1.00	566	534	3.92	0.041
MMtg_BPre	276	1.00	284	282	4.27	0.027
MMtg_APre	480	1.00	523	532	3.41	0.117
MMtg_M	496	1.00	541	569	4.05	0.042
CS2_BV	392	1.00	492	525	3.85	0.041
CS2_APre	606	1.00	637	650	4.52	0.027
CS2_M	555	1.00	613	627	4.20	0.033

各试验处理 20～40 cm 土层的真菌菌群的 OTU 数目和多样性指数列于表 6-6。各处理 20～40 cm 土层的 OTU 数目在 308 到 623 之间。反映群落覆盖度、丰富度和多样性的指数的变化规律与 0～40 cm 类似，即旱涝急转发生在抽雄—

灌浆期较幼苗—拔节期真菌群落丰富度高，多样性低，均低于对照组；中涝等级的旱涝急转中，轻旱处理较中旱处理真菌群落丰富度高，且多样性高。与 0 ～ 20 cm 土层相比，整体来看，旱涝急转后，20 ～ 40 cm 土层的 OTU 数目、群落丰富度和多样性均相对较低，说明 20 ～ 40 cm 土层的真菌数量和种类较 0 ～ 20 cm 土层少。这与前人研究得出的土壤真菌的种类和数量随着土层的加深呈递减趋势吻合（史铭偲等，2004；董爱荣等，2004；高旭晖等，2006；Robinson et al.，2009；姜海燕等，2010）。

表 6-6　不同旱涝急转处理 20 ～ 40 cm 土层真菌菌群多样性指数表

处理	OTU	Coverage 指数	ACE 指数	Chao 指数	Shannon 指数	Simpson 指数
LMsj_BV	312	0.99	408	432	3.34	0.096
LMsj_BPre	409	1.00	438	443	4.31	0.029
LMsj_APre	523	1.00	545	553	4.12	0.048
LMsj_M	484	1.00	537	563	3.80	0.075
MMsj_BV	473	0.99	601	623	4.37	0.030
MMsj_BPre	491	1.00	511	508	4.00	0.052
MMsj_APre	432	1.00	467	489	4.07	0.041
MMsj_M	503	1.00	538	543	3.89	0.076
LMtg_BV	425	0.99	568	576	3.60	0.084
LMtg_BPre	367	1.00	390	406	4.50	0.024
LMtg_APre	462	1.00	487	484	3.77	0.055
LMtg_M	623	1.00	684	685	4.11	0.052
MMtg_BV	479	0.99	604	634	4.05	0.045
MMtg_BPre	606	1.00	645	647	4.25	0.038
MMtg_APre	394	1.00	445	457	2.82	0.184
MMtg_M	542	1.00	597	597	3.99	0.053
CS2_BV	308	1.00	565	434	2.64	0.157
CS2_APre	326	1.00	353	367	3.95	0.052
CS2_M	489	1.00	545	553	3.90	0.053

6.2.2 真菌菌群组成

本书中不同土层的各处理真菌群落在门水平的组成如图 6-7 所示。整个数据集共发现 15 个门，除去未分类（unclassified）的菌门，其中平均相对丰度超过 1% 的有 4 个门类，包括 Ascomycota（子囊菌门）、Basidiomycota（担子菌门）、Mortierellomycota（被孢霉门）和 Chytridiomycota（壶菌门），这些门类在 0～40 cm 土层平均相对丰度分别为 83.0%、6.1%、3.9% 和 1.6%[图 6-7（a）]；在 0～20 cm 土层平均相对丰度分别为 82.8%、5.3%、4.5% 和 2.0%[图 6-7（b）]；在 20～40 cm 土层平均相对丰度分别为 83.2%、6.8%、3.2% 和 1.3%[图 6-7（c）]。其他门类占总门类的比例非常小，仅占 5.4%～6.8% 的序列。可以看出，不同旱涝急转条件下表层土壤中真菌菌群门水平分布存在差异性发展。

与基底值相比，各处理旱涝急转后 Ascomycota 相对丰度均减小，0～40 cm 土层幼苗—拔节期轻旱—中涝处理、幼苗—拔节期中旱—中涝处理、抽雄—灌浆期轻旱—中涝处理以及抽雄—灌浆期中旱—中涝处理 Ascomycota 相对丰度分别减少 16.9%、15.2%、9.1% 和 0.5%（降幅分别为 18%、16%、10% 和 1%），对照组 Ascomycota 相对丰度减少 26.8%（降幅为 29%）。与基底值相比，干旱阶段 Ascomycota 相对丰度均减少。旱涝急转后与干旱阶段相比，除幼苗—拔节期中旱—中涝外，其他处理 Ascomycota 相对丰度均有减少。整体来看，幼苗—拔节期发生旱涝急转后 Ascomycota 相对丰度较抽雄—灌浆期小；中涝等级的旱涝急转中，轻旱处理较中旱处理 Ascomycota 相对丰度小；旱涝急转处理旱涝急转后较对照组降雨后 Ascomycota 相对丰度大。

与基底值相比，旱涝急转后，除幼苗—拔节期轻旱—中涝处理 Basidiomycota 相对丰度略有减少外，0～40 cm 土层其他旱涝急转处理 Basidiomycota 相对丰度平均增加 3.0%（平均增幅为 111%），对照组 Basidiomycota 相对丰度增加 7.6%（增幅为 198%）。与基底值相比，干旱阶段 Basidiomycota 相对丰度均增加。旱涝急转后与干旱阶段相比，幼苗—拔节期轻旱—中涝处理和抽雄—灌浆期中旱—中涝处理 Basidiomycota 相对丰度减小，其他旱涝急转处理均增加。整体来看，旱涝急转后，幼苗—拔节期 Basidiomycota 相对丰度较抽雄—灌浆期小；中涝等级的旱涝急转中，幼苗—拔节期轻旱处理较中旱处理 Basidiomycota 相对丰度小，抽雄—灌浆期相反；旱涝急转处理旱涝急转后较对照组降雨后 Basidiomycota 相对丰度小。

与基底值相比，旱涝急转后，除抽雄—灌浆期中旱—中涝处理 Mortierellomycota 相对丰度减少，0～40 cm 土层其他旱涝急转处理 Mortierellomycota 相对丰度平均增加 2.8%（平均增幅为 231%），对照组 Mortierellomycota 相对丰度增加 6.6%（增幅为 372%）。与基底值相比，干旱阶段 Mortierellomycota 相对丰度均增加。旱涝急转后与干旱阶段相比，除幼苗—拔节期中旱—中涝处理 Mortierellomycota 相对丰度增加外，其他旱涝急转处理均减少。整体来看，旱涝急转后，幼苗—拔节期 Mortierellomycota 相对丰度较抽雄—灌浆期大；中涝等级的旱涝急转中，幼苗—拔节期轻旱处理较中旱处理 Mortierellomycota 相对丰度小，抽雄—灌浆期相反；旱涝急转处理旱涝急转后较对照组降雨后 Mortierellomycota 相对丰度小。

　　与基底值相比，旱涝急转后，0～40 cm 土层幼苗—拔节期处理 Chytridiomycota 相对丰度增加，抽雄—灌浆期处理和对照组相对丰度减少。与基底值相比，旱涝急转后，除抽雄—灌浆期轻旱—中涝处理 Chytridiomycota 相对丰度减少外，其他旱涝急转处理均增加。旱涝急转后与干旱阶段相比，除幼苗—拔节期轻旱—中涝处理 Chytridiomycota 相对丰度增加外，其他旱涝急转处理均减少。整体来看，旱涝急转后，幼苗—拔节期 Chytridiomycota 相对丰度较抽雄—灌浆期大；中涝等级的旱涝急转中，干旱程度越大，Chytridiomycota 相对丰度越小。

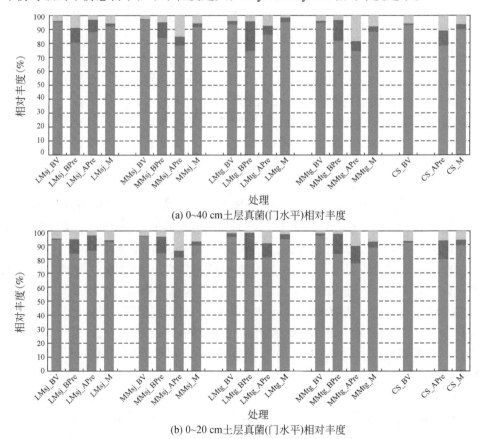

(a) 0~40 cm土层真菌(门水平)相对丰度

(b) 0~20 cm土层真菌(门水平)相对丰度

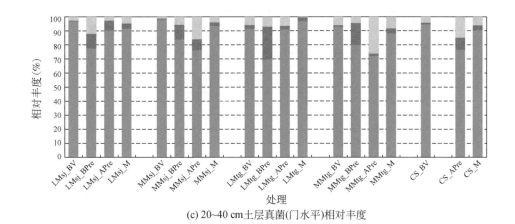

(c) 20~40 cm土层真菌(门水平)相对丰度

图 6-7　旱涝急转下（中涝）土壤真菌（门水平）相对丰度

■ Thaumarchaeota　■ Euryarchaeota　■ unclassified_k__norank_d__Archaea
■ Nanoarchaeaeota　■ Diapherotrites　■ Crenarchaeota

　　0 ～ 20 cm 和 20 ～ 40 cm 土层中真菌门水平优势菌种旱涝急转前后的变化规律与 0 ～ 40 cm 土层相似。整体而言，0 ～ 20 cm 土层真菌门水平优势菌种 Ascomycota 和 Basidiomycota 的相对丰度较 20 ～ 40 cm 土层小，0 ～ 20 cm 土层 Mortierellomycota 和 Chytridiomycota 的相对丰度较 20 ～ 40 cm 土层大。

　　Ascomycota 的生长与玉米呈菌根关系，这些真菌可以促进作物对水分和养分的吸收，同时也对植物具有防虫保护作用（白恒，2019）。旱涝急转后 Ascomycota 相对丰度较对照组有所增加，说明旱涝急转土壤水分极端变化能刺激真菌菌群适应变化环境，对水分和养分吸收有促进作用的菌群存活率更高。

　　本书中不同土层的各处理真菌群落在纲水平的组成如图 6-8 所示。整个超过 1% 的有 7 个纲类，包括 Sordariomycetes（粪壳菌纲）、Eurotiomycetes（散囊菌纲）、Dothideomycetes（座囊菌纲）、Tremellomycetes（银耳纲）、Mortierellomycetes（被孢霉纲）、Agaricomycetes（伞菌纲）和 Spizellomycetes（裂壶菌纲），这些真菌纲类在 0 ～ 40 cm、0 ～ 20 cm 和 20 ～ 40 cm 土层的总相对丰度分别为 88.2%、89.2% 和 87.2%。其中，Sordariomycetes、Eurotiomycetes、Dothideomycetes 和 Subgroup_6 属于 Ascomycota（子囊菌门），Tremellomycetes 和 Agaricomycetes 属于 Basidiomycota（担子菌门），Mortierellomycetes 属于 Mortierellomycota（被孢霉门），Spizellomycetes 属于 Chytridiomycota（壶菌门）。

　　可以看出，不同旱涝急转条件下表层土壤中真菌菌群纲水平分布存在差异性发展。整体而言，0 ～ 20 cm 和 20 ～ 40 cm 土层中真菌纲水平优势菌种旱涝急

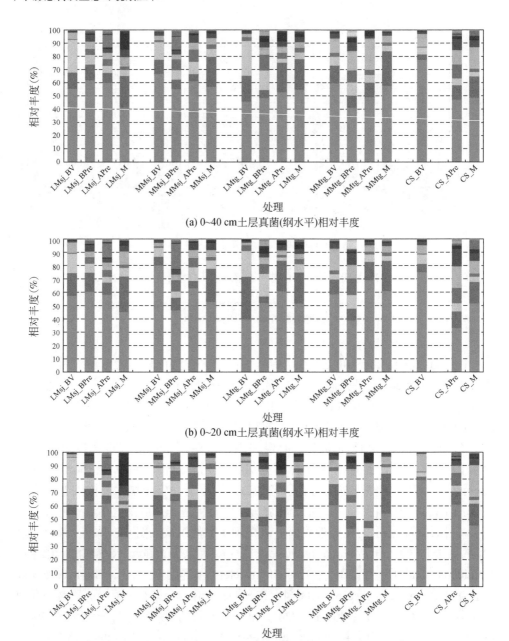

(a) 0~40 cm土层真菌(纲水平)相对丰度

(b) 0~20 cm土层真菌(纲水平)相对丰度

(c) 20~40 cm土层真菌(纲水平)相对丰度

图 6-8 旱涝急转下（中涝）土壤真菌（纲水平）相对丰度

- Sordariomycetes
- Eurotiomycetes
- Dothideomycetes
- unclassified_k__Fungi
- unclassified_p__Ascomycota
- Tremellomycetes
- Mortierellomycetes
- Agaricomycetes
- Spizellomycetes
- Leotiomycetes
- Rhizophlyctidomycetes
- Pezizomycetes
- Glomeromycetes
- Olpidiomycetes
- unclassified_p__Mortierellomycota
- Saccharomycetes
- Wallemiomycetes
- Microbotryomycetes
- Calcarisporiellomycetes
- Orbiliomycetes
- Kickxellomycetes
- Cystobasidiomycetes
- Unclassified and rare

转前后的变化规律与 0～40 cm 土层相似；0～20 cm 土层的纲水平优势菌种的相对丰度较 20～40 cm 土层大。

本书中不同土层的各处理真菌群落在属水平的组成如图 6-9 所示。整个数据集共发现 524 个属，其中平均相对丰度超过 1% 的主要有 24 个属类，除去未分类（unclassified）的有 14 个属类，包括 *Fusarium*（镰刀菌属）、*Neurospora*（脉孢菌属）、*Penicillium*（青霉菌属）、*Talaromyces*（篮状菌属）、*Mortierella*（被孢霉属）、*Alternaria*（链格孢属）、*Chaetomium*（毛壳霉属）、*Solicoccozyma*、*Myrmecridium*（蚁霉属）、*Schizothecium*（裂壳属）、*Aspergillus*（曲霉菌属）、*Cladosporium*（分子孢子菌属）、*Acremonium*（支顶孢属）和 *Sarocladium*（帚枝霉属）。其中，*Fusarium*、*Neurospora*、*Penicillium*、*Talaromyces*、*Alternaria*、*Chaetomium*、*Myrmecridium*、*Schizothecium*、*Aspergillus*、*Cladosporium*、*Acremonium* 和 *Sarocladium* 属于 Ascomycota（子囊菌门），*Solicoccozym* 属于 Basidiomycota（担子菌门），*Mortierella* 属于 Mortierellomycota（被孢霉门）。

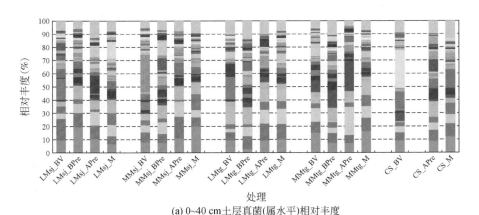

(a) 0~40 cm 土层真菌(属水平)相对丰度

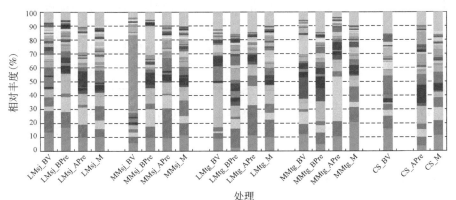

(b) 0~20 cm 土层真菌(属水平)相对丰度

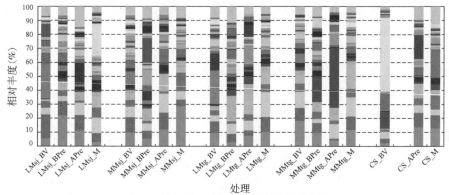

(c) 20~40 cm土层真菌(属水平)相对丰度

图 6-9　旱涝急转下（中涝）土壤真菌（属水平）相对丰度

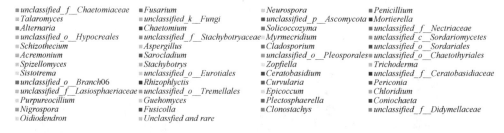

本试验数据集中大部分菌属与相关研究提取到的玉米田土壤真菌菌属基本吻合（史铭偏等，2005；刘淑霞和周平，2008；王芳等，2014；郭太忠等，2014）。

从图中可以看出，不同旱涝急转条件下表层土壤中真菌菌群属水平分布存在差异性发展。整体而言，旱涝急转后，真菌群落属水平相对丰度超过 1% 的优势菌属较对照组有所增加，且中涝等级的旱涝急转中，干旱程度越大，总相对丰度越小。同样，0～20 cm 和 20～40 cm 土层中真菌属水平优势菌种旱涝急转前后的变化规律与 0～40 cm 土层相似；0～20 cm 土层真菌属水平优势菌种的相对丰度较 20～40 cm 土层大。

根据表层土壤真菌群落在门、纲和属水平的分析结果可知，旱涝急转对表层土壤真菌菌群分布有一定影响，且不同旱涝急转程度对真菌菌群分布存在差异性发展。不同土壤分层中，0～20 cm 土层真菌群落优势菌种的相对丰度较 20～40 cm 土层大。为进一步探讨旱涝急转对真菌菌群分布影响的差异性和显著性，6.2.3 节将展开详细分析。

6.2.3　真菌菌群差异分析

对 0～40 cm 土层真菌群落按不同旱涝急转处理对样本进行分组，各组样品旱涝急转后（中涝）真菌 OTU 水平的 NMDS 分析图如图 6-10 所示。NMDS 图的 stress 值小于 0.1，表明该分析是一个较好的排序。从图中可以得出，各组样品内部有一定的相关性，相关系数 R^2 约为 0.30；各组样品之间整体来看无明显的差异性（$P = 0.301$）。对照组和旱涝急转处理组之间有较明显的差异性，说明旱涝急转的发生对表层土壤真菌群落组成和分布有一定的影响，且不同等级旱涝急转影响程度不相同。

对 0～40 cm 土层真菌群落按不同旱涝急转处理对样本进行分组，各组样品经历旱涝急转后（中涝）成熟期真菌 OTU 水平的 NMDS 分析如图 6-11 所示。NMDS 图的 stress 值小于 0.1，表明该分析是一个较好的排序。从图中可以得出，各组样品内部有一定的相关性，相关系数 R^2 约为 0.28；各组样品之间整体无明显的差异性（$P = 0.301$）。对照组和旱涝急转处理组之间有较明显的差异性，说

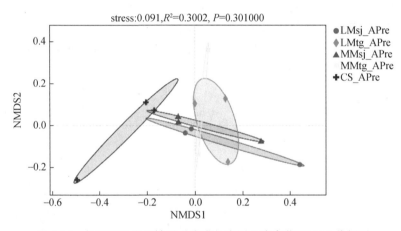

图 6-10　各处理旱涝急转后（中涝）表层土壤真菌 NMDS 分析图

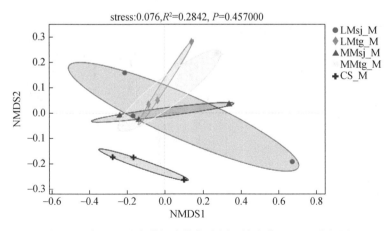

图 6-11　各处理（中涝）成熟期表层土壤真菌 NMDS 分析图

明旱涝急转发生后直到夏玉米生育期结束都会对表层土壤中真菌群落组成和分布有一定的影响，且不同等级旱涝急转影响程度均不相同。

为了更直观地了解旱涝急转具体对哪些真菌菌种有显著影响，各处理旱涝急转后（中涝）0 ~ 40 cm 表层土壤真菌从门到属水平的 LEfSe 多级物种差异判别图详见图 6-12。从门到属水平，不同处理之间有显著性差异的物种有 22 个，其中，目、科和属水平有显著性差异的物种分别有 4、9 和 9 个。旱涝急转处理组与对照组旱涝急转后有很强的显著性差异的物种有 *Acrophialophora*（顶杆菌属）、Microascales（小囊菌目）和 Microascaceae（小囊菌科）、Coniochaetales（间座壳菌目）、Coniochaetaceae（毛孢壳科）和 *Coniochaeta*（锥毛壳属）、Aspergillaceae（曲霉科）和 *Penicillium*（青霉菌属）、Cystofilobasidiales（银耳菌目）、Cystofilobasidiaceae（银耳菌科）和 *Guehomyces*（耐冷酵母属）、Olpidiaceae（壶菌科）和 *Olpidium*（油壶菌属）。与物种相对丰度分析结果综合分析可知，旱涝急转发生后对表层土壤中真菌群落尤其是门水平的优势菌种 *Ascomycota* 里面的 *Acrophialophora*、*Coniochaeta* 和 *Penicillium* 属有显著影响，可见旱涝急转下，

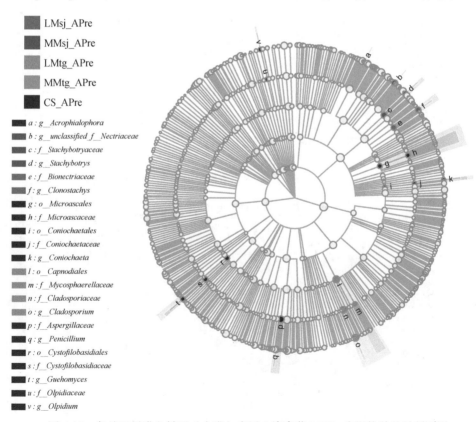

图 6-12　各处理旱涝急转后（中涝）表层土壤真菌 LEfSe 多级物种差异判别图

土壤水分变化剧烈，从而对表层土壤中真菌群落的组成和分布有重要影响，进而也会影响土壤和作物中的磷代谢过程。

6.3 旱涝急转对土壤古菌群落的影响

试验期间，分别采集了幼苗—拔节期和抽雄—灌浆期两种旱涝急转情景（中涝等级）以及对照组基底值、降雨前、降雨后、成熟期的 0 ～ 20 cm 和 20 ～ 40 cm 土层共 57 个样品进行古菌 16S rDNA 测序。

6.3.1 古菌菌群多样性

基于 OTU，对古菌菌群多样性进行分析。各试验处理 0 ～ 40 cm 土层的古菌菌群的 OTU 数目和多样性指数列于表 6-7。

表 6-7 不同旱涝急转处理 0 ～ 40 cm 土壤古菌菌群多样性指数表

处理	OTU	Coverage 指数	ACE 指数	Chao 指数	Shannon 指数	Simpson 指数
LMsj_BV	185	1.00	543	333	2.73	0.0861
LMsj_BPre	280	1.00	486	405	3.11	0.0714
LMsj_APre	175	1.00	443	315	2.87	0.0851
LMsj_M	155	1.00	313	254	2.82	0.0793
MMsj_BV	168	1.00	514	318	2.71	0.0835
MMsj_BPre	166	1.00	314	245	3.00	0.0800
MMsj_APre	430	1.00	776	635	3.06	0.0779
MMsj_M	144	1.00	293	243	2.84	0.0786
LMtg_BV	152	1.00	405	292	2.80	0.0849
LMtg_BPre	154	1.00	302	225	3.16	0.0732
LMtg_APre	309	1.00	776	499	2.70	0.1517
LMtg_M	116	1.00	233	186	2.75	0.0892
MMtg_BV	220	1.00	529	392	2.63	0.1204
MMtg_BPre	148	1.00	224	195	3.07	0.0769
MMtg_APre	366	1.00	622	493	3.14	0.0760
MMtg_M	216	1.00	452	351	2.95	0.0739
CS2_BV	166	1.00	427	301	2.87	0.0746
CS2_APre	349	1.00	578	488	3.16	0.0786
CS2_M	167	1.00	299	258	3.03	0.0660

试验样品的覆盖度指数均维持在 1.00，说明高通量测序在识别每个样品微生物组成方面具有很高的质量。各处理 0 ～ 40 cm 土层的 OTU 数目在 116 到 430 之间，不同处理不同采样节点 OTU 数目差异较明显。与基底值相比，旱涝急转后，除幼苗—拔节期轻旱—中涝处理 OTU 数目减少（降幅 5%）外，其他旱涝急转处理和对照组的 OTU 数目均增加（增幅分别为 108% 和 110%）。旱涝急转后各处理的 OTU 数目由小到大排序为：LMsj、LMtg、CS2、MMtg、MMsj，即整体上看，旱涝急转后轻旱—中涝处理 OTU 数目小于对照组，对照组小于中旱—中涝处理。与基底值相比，干旱结束后，轻旱—中涝处理 OTU 数目增加（平均增幅为 26%），中旱—中涝处理 OTU 数目减少（平均降幅为 17%）。与干旱结束后相比，旱涝急转后，除幼苗—拔节期轻旱—中涝处理 OTU 数目减少（降幅为 38%）外，其他旱涝急转处理 OTU 数目均增加（平均增幅为 136%）。成熟期 OTU 数目最小。

各处理 0 ～ 40 cm 土层的 ACE 指数在 224 到 776 之间，不同处理不同采样节点 ACE 指数差异较明显。与基底值相比，旱涝急转后，除幼苗—拔节期轻旱—中涝处理 ACE 指数减小（降幅为 18%）外，其他旱涝急转处理和对照组的 ACE 指数均增大（增幅分别为 53% 和 35%）。旱涝急转后各处理的 ACE 指数由小到大排序为：LMsj、LMtg、CS2、MMsj 和 MMtg，即整体上看，旱涝急转后轻旱—中涝处理 ACE 指数小于对照组，对照组小于中旱—中涝处理，抽雄—灌浆期处理 ACE 指数大于幼苗—拔节期处理。与基底值相比，干旱结束后，各旱涝急转处理的 ACE 指数均减小（平均降幅为 33%），且抽雄—灌浆期旱涝急转处理降幅更大。与干旱结束后相比，旱涝急转后，除幼苗—拔节期中旱—中涝处理 ACE 指数减小（降幅为 9%），其他处理均增大（平均增幅为 161%）。成熟期 ACE 指数最小。Chao 指数变化规律与 ACE 指数基本相同。ACE 指数和 Chao 指数越大，群落丰富度越高，由此推断，旱涝急转后，表层土壤中，抽雄—灌浆期处理较幼苗—拔节期处理古菌群落丰富度高，整体高于对照组；中涝等级的旱涝急转中，幼苗—拔节期轻旱处理较中旱处理古菌群落丰富度低，抽雄—灌浆期相反。

各处理 0 ～ 40 cm 土层的 Shannon 指数在 2.63 到 3.16 之间，不同处理不同采样节点 Shannon 指数差异较明显。与基底值相比，旱涝急转后，除抽雄—灌浆轻旱—中涝处理 Shannon 指数减小（降幅为 4%）外，其他旱涝急转处理和对照组的 Shannon 指数均增大（增幅分别为 13% 和 10%）。旱涝急转后各处理的 Shannon 指数由小到大的排序为：LMtg、LMsj、MMsj、MMtg、CS2，即整体上看，旱涝急转后轻旱—中涝处理 Shannon 指数小于中旱—中涝处理，旱涝急转处理组 Shannon 指数小于对照组。Simpson 指数变化规律与 Shannon 指数基本相反。旱涝急转后表层土壤中，中涝等级的旱涝急转中，轻旱处理较中旱处理古菌群落多样性低。

各试验处理 0～20 cm 土层的古菌菌群的 OTU 数目和多样性指数列于表 6-8。各处理 0～20 cm 土层的 OTU 数目在 135 到 480 之间。反映群落覆盖度、丰富度和多样性的指数的变化规律与 0～40 cm 类似，即旱涝急转发生在抽雄—灌浆期较幼苗—拔节期古菌群落丰富度高，多样性高；中涝等级的旱涝急转中，幼苗—拔节期轻旱处理较中旱处理古菌群落丰富度低，多样性低；抽雄—灌浆期轻旱处理较中旱处理古菌群落丰富度高，多样性低。

各试验处理 20～40 cm 土层的古菌菌群的 OTU 数目和多样性指数列于表 6-9。各处理 20～40 cm 土层的 OTU 数目在 97 到 497 之间。反映群落覆盖度、丰富度和多样性的指数的变化规律与 0～40 cm 不尽相同，旱涝急转发生在幼苗—拔节期较抽雄—灌浆期古菌群落丰富度高，多样性高；中涝等级的旱涝急转中，轻旱处理较中旱处理古菌群落丰富度低，多样性低。与 0～20 cm 土层相比，整体来看，旱涝急转后，20～40 cm 土层的 OTU 数目略小，群落丰富度和多样性均相对略高，说明 20～40 cm 土层的古菌数量较 0～20 cm 土层略少，但种类和丰富度略大。

表 6-8　不同旱涝急转处理 0～20 cm 土壤古菌菌群多样性指数表

处理	OTU	Coverage 指数	ACE 指数	Chao 指数	Shannon 指数	Simpson 指数
LMsj_BV	177	1.00	581	347	2.79	0.081
LMsj_BPre	313	1.00	465	426	3.11	0.072
LMsj_APre	181	1.00	478	335	2.89	0.084
LMsj_M	137	1.00	368	259	2.76	0.081
MMsj_BV	135	1.00	388	241	2.70	0.085
MMsj_BPre	189	1.00	376	293	2.99	0.085
MMsj_APre	480	1.00	746	683	3.10	0.075
MMsj_M	175	1.00	440	342	2.85	0.081
LMtg_BV	156	1.00	419	264	2.76	0.089
LMtg_BPre	147	1.00	274	212	3.06	0.079
LMtg_APre	367	1.00	1034	591	2.99	0.091
LMtg_M	135	1.00	350	256	2.72	0.097
MMtg_BV	260	1.00	523	409	2.43	0.162
MMtg_BPre	140	1.00	239	193	3.00	0.085
MMtg_APre	234	1.00	599	401	3.07	0.076
MMtg_M	227	1.00	491	382	2.92	0.077
CS2_BV	157	1.00	411	284	2.84	0.076
CS2_APre	313	1.00	573	416	3.12	0.087
CS2_M	145	1.00	249	219	2.98	0.069

表 6-9　不同旱涝急转处理 20 ～ 40 cm 土壤古菌菌群多样性指数表

处理	OTU	Coverage 指数	ACE 指数	Chao 指数	Shannon 指数	Simpson 指数
LMsj_BV	192	1.00	504	320	2.68	0.092
LMsj_BPre	246	1.00	508	384	3.10	0.071
LMsj_APre	169	1.00	408	295	2.85	0.087
LMsj_M	172	1.00	259	249	2.88	0.077
MMsj_BV	200	1.00	641	395	2.73	0.082
MMsj_BPre	142	1.00	251	198	3.00	0.075
MMsj_APre	380	1.00	807	586	3.02	0.081
MMsj_M	112	1.00	146	145	2.83	0.076
LMtg_BV	147	1.00	391	319	2.84	0.081
LMtg_BPre	160	1.00	330	238	3.25	0.067
LMtg_APre	250	1.00	519	408	2.41	0.212
LMtg_M	97	1.00	115	116	2.78	0.082
MMtg_BV	179	1.00	536	376	2.83	0.079
MMtg_BPre	156	1.00	209	197	3.14	0.069
MMtg_APre	497	1.00	644	585	3.22	0.076
MMtg_M	205	1.00	413	321	2.97	0.071
CS2_BV	175	1.00	443	319	2.91	0.073
CS2_APre	385	1.00	582	560	3.21	0.071
CS2_M	188	1.00	348	296	3.08	0.063

6.3.2　古菌菌群组成

本书中不同土层的各处理古菌群落在门水平的组成如图 6-13 所示。整个数据集共发现 6 个门，除去未分类（unclassified）的菌门，其中平均相对丰度超过 1% 的有 2 个门类，Thaumarchaeota（奇古菌门）和 Euryarchaeota（广古菌门），这些真菌门类在 0 ～ 40 cm 土层平均相对丰度分别为 87.2% 和 6.3%[图 6-13（a）]；在 0 ～ 20 cm 土层平均相对丰度分别为 87.6% 和 6.8%[图 6-13（b）]；在 20 ～ 40 cm 土层平均相对丰度分别为 86.8% 和 5.8%[图 6-13（c）]。其他门类占总门类的比例非常小，仅占 5.6% ～ 7.4% 的序列。可以看出，不同旱涝急转条件下表层土壤中古菌菌群门水平分布存在差异性发展。

与基底值相比，各处理旱涝急转后 Thaumarchaeota 相对丰度均减小，0 ～ 40 cm 土层幼苗—拔节期轻旱—中涝处理、幼苗—拔节期中旱—中涝处理、抽雄—灌浆期轻旱—中涝处理以及抽雄—灌浆期中旱—中涝处理 Thaumarchaeota 相对丰度分别减少 7.1%、18.6%、7.3% 和 20.3%（降幅分别为 7%、19%、8% 和 21%），对照组 Thaumarchaeota 相对丰度分别减少 15.0%（降幅为 16%）。与基底值相比，干旱阶段 Thaumarchaeota 相对丰度均减少。旱涝急转后与干旱阶段相比，轻旱—中涝处理 Thaumarchaeota 相对丰度增加，中旱—中涝处理减少。整体来看，发生旱涝急转后，幼苗—拔节期处理 Thaumarchaeota 相对丰度较抽雄—灌浆期大；中涝等级的旱涝急转中，轻旱处理较中旱处理 Thaumarchaeota 相对丰度大；旱涝急转处理旱涝急转后较对照组降雨后 Thaumarchaeota 相对丰度大。

与基底值相比，旱涝急转后，0 ～ 40 cm 土层各处理 Euryarchaeota 相对丰度均增加，幼苗—拔节期处理平均增加 7.0%（平均增幅 1136%），抽雄—灌浆期处理平均增加 4.6%（平均增幅 252%），对照组增加 9.8%（增幅为 850%）。与基底值相比，干旱阶段 Euryarchaeota 相对丰度均增加。旱涝急转后与干旱阶段相比，各旱涝急转处理 Euryarchaeota 相对丰度均减小。整体来看，旱涝急转后，幼苗—拔节期 Euryarchaeota 相对丰度较抽雄—灌浆期大；中涝等级的旱涝急转中，轻旱处理较中旱处理 Euryarchaeota 相对丰度大；旱涝急转处理旱涝急转后较对照组降雨后 Euryarchaeota 相对丰度小。

0 ～ 20 cm 和 20 ～ 40 cm 土层中古菌门水平优势菌种旱涝急转前后的变化规律与 0 ～ 40 cm 土层相似。整体而言，0 ～ 20 cm 土层古菌门水平优势菌种 Thaumarchaeota 和 Euryarchaeota 的相对丰度较 20 ～ 40 cm 土层大。

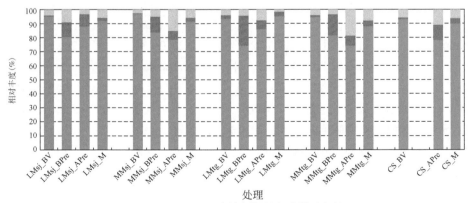

(a) 0~40 cm土层古菌(门水平)相对丰度

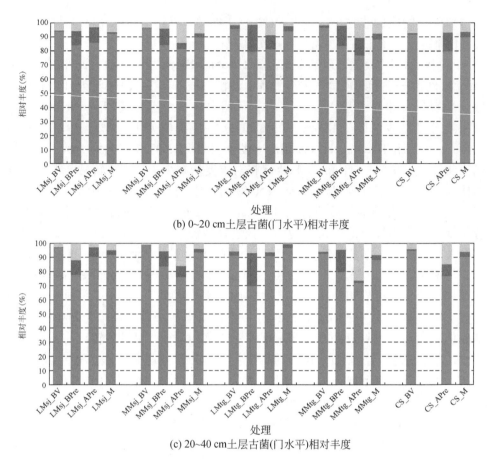

(b) 0~20 cm土层古菌(门水平)相对丰度

(c) 20~40 cm土层古菌(门水平)相对丰度

图 6-13 旱涝急转下（中涝）土壤古菌（门水平）相对丰度

■ Thaumarchaeota ■ Euryarchaeota ■ unclassified_k__norank_d__Archaea ■ Nanoarchaeaeota
■ Diapherotrites ■ Crenarchaeota

古菌主要包括 Euryarchaeota（广古菌门）、Crenarchaeota（泉古菌门）和 Thaumarchaeota（奇古菌门）（张丽梅和贺纪正，2012；张丽梅等，2015）。本书数据集中 Thaumarchaeota 为绝对优势菌种，Euryarchaeota 丰度较大，Crenarchaeota 丰度几乎为 0。已有研究中玉米田表层土壤中 Thaumarchaeota 为优势菌种（Cavaglieri et al.，2009；冯帅等，2017），其他土壤中大多发现 Thaumarchaeota 和 Euryarchaeota 为优势菌群（高莹等，2020）。高莹等（2020）研究表明，与氨氧化过程密切相关的 Thaumarchaeota 相对丰度在生长季前期增雨条件下无明显变化，生长季后期增雨条件下显著增加，将促进土壤硝化过程。冯帅等（2017）研究表明，土壤水分对表层土中古菌群落结构影响不明显，但表层土壤中古菌数量受水分条件影响显著，在水分充足的条件下显著高于干旱条件。结合 OTU 数目分析结果可知，旱涝急转土壤水分极端变化特别是中涝能刺激古菌菌群适应变化环境，干旱阶段古菌数目略减少但强降雨后短期内古菌数量迅速增加。

本书中不同土层的各处理古菌群落在纲水平的组成如图 6-14 所示。整个数据集共发现 16 个纲，除去未分类（unclassified）的菌纲，其中平均相对丰度超过 1% 的主要有 2 个纲类，包括 Nitrososphaeria（亚硝化球菌纲，属于奇古菌门）和 Thermoplasmata（热原菌纲，属于广古菌门），这些纲类在 0～40 cm、0～20 cm 和 20～40 cm 土层的总相对丰度分别为 93.5%，94.3% 和 92.6%。可以看出，不同旱涝急转条件下表层土壤中古菌菌群纲水平分布存在差异性发展。整体而言，0～20 cm 和 20～40 cm 土层中古菌纲水平优势菌种旱涝急转前后的变化规律与 0～40 cm 土层相似；0～20 cm 土层的纲水平优势菌种的相对丰度较 20～40 cm 土层大。

本书中不同土层的各处理古菌群落在属水平的组成如图 6-15 所示。整个数据集共发现 42 个属，其中平均相对丰度超过 1% 的主要有 7 个属类，除去未分

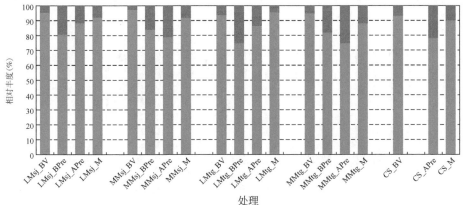

(a) 0~40 cm土壤古菌(纲水平)相对丰度

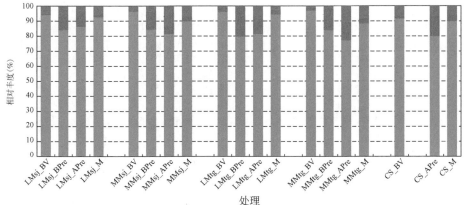

(b) 0~20 cm土壤古菌(纲水平)相对丰度

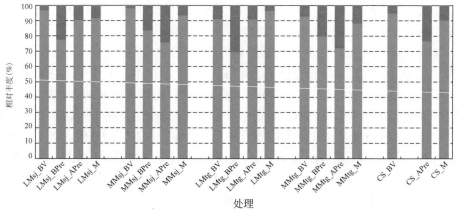

(c) 20~40 cm土壤古菌(纲水平)相对丰度

图 6-14　旱涝急转下（中涝）土壤古菌（纲水平）相对丰度

■ Nitrososphaeria　■ Thermoplasmata　■ Nanohaloarchaeia　■ unclassified_k__norank_d__Archaea

■ unclassified_p__Euryarchaeota　■ rare

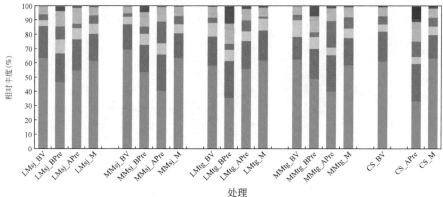

(a) 0~40 cm土壤古菌(属水平)相对丰度

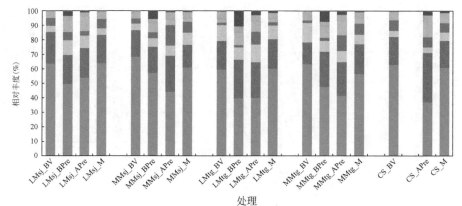

(b) 0~20 cm土壤古菌(属水平)相对丰度

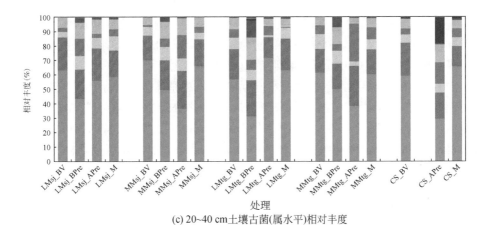

(c) 20~40 cm土壤古菌(属水平)相对丰度

图 6-15   旱涝急转下（中涝）土壤古菌（属水平）相对丰度变化

■ *norank_f__Nitrososphaeraceae*   ■ *Candidatus_Nitrososphaera*   ■ *Candidatus_Nitrocosmicus*
■ *unclassified_k__norank_d__Archaea*   ■ *norank_f__norank_o__Marine_Group_II*   ■ *unclassified_f__Nitrososphaeraceae*
■ *unclassified_c__Thermoplasmata*   ■ *Candidatus_Nitrosotalea*   ■ *Candidatus_Nitrosotenuis*
■ *Candidatus_Nitrosoarchaeum*   ■ *Unclassified and rare*

类（unclassified）和 norank 的有 2 个属类，*Candidatus_Nitrososphaera*（氨氧化古菌属）和 *Candidatus_Nitrocosmicus*（硝氧化古菌属），均属于奇古菌门。

不同旱涝急转条件下表层土壤中古菌菌群属水平分布存在差异性发展。整体而言，旱涝急转后，古菌群落属水平相对丰度超过 1% 的优势菌属较对照组有所减少，且中涝等级的旱涝急转中，干旱程度越大，总相对丰度越大。同样，0 ～ 20 cm 和 20 ～ 40 cm 土层中古菌属水平优势菌种旱涝急转前后的变化规律与 0 ～ 40 cm 土层相似；幼苗—拔节期 0 ～ 20 cm 土层古菌属水平优势菌种的相对丰度较 20 ～ 40 cm 土层小，抽雄—灌浆期相反。

根据表层土壤古菌群落在门、纲和属水平的分析结果可知，旱涝急转对表层土壤古菌菌群分布有一定影响，且不同旱涝急转程度对古菌菌群分布存在差异性发展。不同土壤分层中，0 ～ 20 cm 土层古菌群落优势菌种的相对丰度较 20 ～ 40 cm 土层大。为进一步探讨旱涝急转对古菌菌群分布影响的差异性和显著性，6.3.3 节将展开详细分析。

6.3.3   古菌菌群差异分析

对 0 ～ 40 cm 土层古菌群落按不同旱涝急转处理对样本进行分组，各组样品旱涝急转后（中涝）古菌 OTU 水平的 NMDS 分析图如图 6-16 所示。NMDS 图的 stress 值小于 0.1，表明该分析是一个较好的排序。从图中可以得出，各组样品内部有一定的相关性，相关系数 R^2 约为 0.28；各组样品之间整体来看无明显的差异性（$P = 0.478$）。对照组和旱涝急转处理组之间也无较明显的差异性，说明旱涝急转的发生对表层土壤古菌群落组成和分布无显著影响。

对 0～40 cm 土层古菌群落按不同旱涝急转处理对样本进行分组，各组样品经历旱涝急转后（中涝）成熟期古菌 OTU 水平的 NMDS 分析如图 6-17 所示。NMDS 图的 stress 值小于 0.1，表明该分析是一个较好的排序。从图中可以得出，各组样品内部有一定的相关性，相关系数 R^2 约为 0.40；各组样品之间整体无明显的差异性（$P = 0.101$）。对照组和旱涝急转处理组之间有一定的差异性，说明

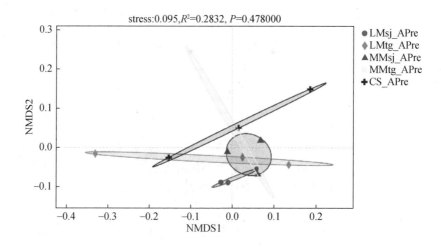

图 6-16　各处理旱涝急转后（中涝）表层土壤古菌 NMDS 分析图

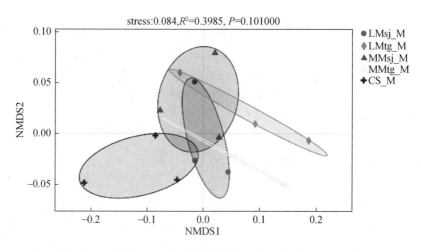

图 6-17　各处理（中涝）成熟期表层土壤古菌 NMDS 分析图

旱涝急转发生会对后续土壤中古菌群落组成和分布有一定影响但不显著。

为了更直观地了解旱涝急转具体对哪些古菌菌种有显著影响，各处理旱涝急转后（中涝）0～40 cm 表层土壤古菌从门到属水平的 LEfSe 多级物种差异判别图详见图 6-18。从门到属水平，不同处理之间无显著性差异的物种。可见旱涝急转对表层土壤中古菌群落的组成和分布无显著影响，对土壤和作物中的磷代谢过程也几乎无影响。

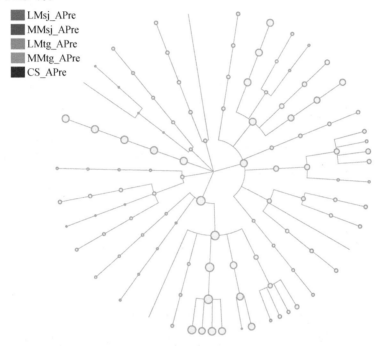

图 6-18 各处理旱涝急转后（中涝）表层土壤古菌 LEfSe 多级物种差异判别图

|第 7 章| 旱涝急转对夏玉米生长发育的影响机理

7.1 旱涝急转对根系生长的影响

在幼苗—拔节期和抽雄—灌浆期分别设置轻旱—轻涝、中旱—轻涝、轻旱—中涝及中旱—中涝等不同的旱涝急转情景试验，以夏玉米根系为研究对象，通过对旱涝急转前后根系指标（根长、根表面积及根尖数等指标）和生物量的观测，分析根系在旱涝急转前后及整个生长季的变化规律，探究旱涝急转对夏玉米根系生长的影响。

7.1.1 旱涝急转条件下根系生长特征

7.1.1.1 旱涝急转下生育期内根系生长特征

在土壤–夏玉米组合单元内不同旱涝急转情景处理下，对夏玉米整个生长季的根长、根尖数和根表面积进行对比分析（图7-1）。由于8月14日在观测幼苗—拔节期轻旱—中涝组时根系的过程中设备损坏，因此幼苗—拔节期轻旱—中涝组8月14日根系数据缺测。

在整个生育期内，夏玉米发生旱涝急转事件将不利于根系的生长，尤其是当幼苗—拔节期发生旱涝急转事件时比抽雄—灌浆期发生旱涝急转事件更不利于根系生长。在7月14日—9月27日夏玉米生育期内，对照处理下夏玉米的根尖数和根长呈上升趋势，在抽雄—灌浆期发生旱涝急转时也有相同的规律，但在幼苗—拔节期，发生旱涝急转事件后，其根尖数和根长在抽雄—灌浆期趋于稳定，并略有下降。在成熟期，各旱涝急转处理组的根尖数、根长和根表面积均低于对照组。

在幼苗—拔节期，不同程度的干旱对夏玉米根系影响不同：轻旱可以促进根系下扎，中旱则不利于根系生长。轻旱处理下，根长和根表面积分别比对照组高2.07%、11.52%，根尖数比对照组低20.14%，可见轻旱处理下会导致根尖数减少，但根系则会伸长下扎。中旱处理下，根长、根尖数和根表面积分别比对照组低

51.68%、50.44%、47.56%。由此可以推断,中旱处理下对夏玉米根系伸长生长不利。中旱处理下根长、根尖数和根表面积分别比轻旱处理下低10.23%、1.74%、9.69%。

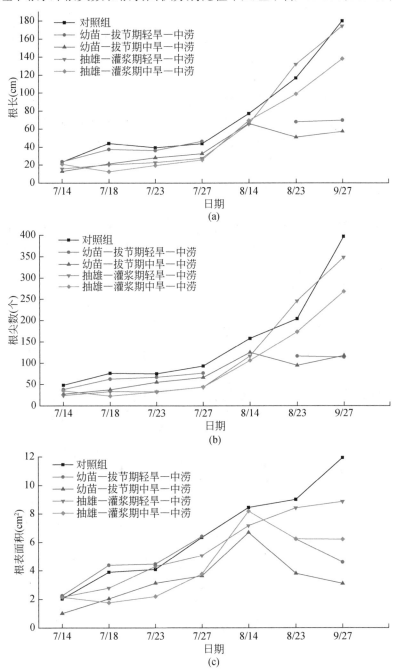

图 7-1　不同处理下生育期内根系生长规律（2019 年）

干旱发生在抽雄—灌浆期则与幼苗—拔节期规律不同。在抽雄—灌浆期，轻旱和中旱均会对根系生长造成不利影响，但相对于轻旱处理，中旱则能促进根系下扎。轻旱处理下夏玉米根长、根尖数和根表面积分别比对照组低14.91%、21.17%和14.99%，中旱处理下，根长、根尖数和根表面积分别比对照组低10%、28.38%和2.98%。在抽雄—灌浆阶段，随着干旱程度的加深，中旱处理下根尖数比轻旱处理后低9.14%，但根长和根表面积比轻旱高5.77%和14.13%。综上可知，夏玉米在任一生育期发生干旱，均会导致根尖数降低，并且其与干旱程度呈正比。

在幼苗—拔节期，轻旱急转中涝后，根长、根尖数比对照组低7.61%、10.67%，根表面积比对照组高9.37%，此时根长、根尖数、根表面积均大于轻旱结束后。中旱急转中涝后，根长、根尖数、根表面积分别比对照组低25.41%、28.67%、42.55%。此时，根长、根尖数、根表面积分别比中旱结束后高52.26%、74.78%、98.15%。

在抽雄—灌浆期，轻旱急转中涝后，根长、根尖数分别比对照组高13.43%、20.59%，根表面积比对照组低6.49%，此时根长、根尖数、根表面积分别比轻旱结束后高101.16%、110.86%、17.29%。中旱急转中涝后，根长、根尖数、根表面积分别比对照组低15.11%、14.87%、30.61%，此时，根长、根尖数分别比中旱结束后高42.34%、63.84%，根表面积比干旱结束后低23.73%。

综上可知，干旱均会造成夏玉米根尖数降低，并且干旱越严重，对根尖数生长越不利。在幼苗—拔节期，夏玉米经历轻旱有利于根系生长，但在抽雄灌浆期，相对于轻旱，中旱反而能促进根系下扎。中涝在一定程度上可以缓解前期干旱对根系生长的抑制，根系在中涝结束后会继续伸长生长。与抽雄—灌浆期相比，中涝对幼苗—拔节期根系生长更为不利，并且，抽雄—灌浆期发生轻旱中涝急转有利于根系伸长生长。

7.1.1.2 旱涝急转前后根系垂直分布特征

对2019年试验中四种不同旱涝急转及对照组处理下的降雨前后夏玉米根系在土壤中垂直分布规律对比分析（图7-2）。根尖数在反映根系在经历逆境胁迫时的变化时是最直观的参数，因此选用根尖数来表示旱涝急转前后根系的动态变化。由于幼苗—拔节期间根系较短，因此试验中对该期间根系的观测垂直深度为 $0 \sim 16$ cm。

在夏玉米生长季内，随着干旱程度的加深，对表层根系生长影响最大。在幼苗—拔节期，干旱对14 cm层的根系影响最为不利，轻旱会造成表层根系增加，深层根系降低；中旱则会导致根尖数在土壤中的各个垂直层均减少；与幼苗—拔节期不同，在抽雄—灌浆阶段，任何程度的干旱均会造成根尖数在各个垂直层分布降低，并且，干旱对40 cm层根尖数生长最为不利。

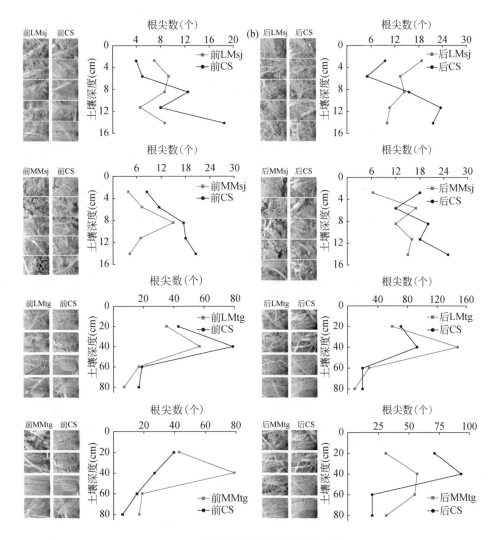

图 7-2　旱涝急转前后根尖数对比图

前表示在降雨前观测的根系，后表示在降雨后观测的根系；LMsj 表示幼苗—拔节期轻旱—中涝试验组；
MMsj 表示幼苗—拔节期中旱—中涝试验组；LMtg 表示抽雄—灌浆期轻旱—中涝试验组；MMtg 表示抽雄—
灌浆期中旱—中涝试验组；CS 表示对照组

　　在幼苗—拔节期，轻旱结束后，土壤深度为 0～6 cm 处的根尖数高于对照组，在土层深度 6～16 cm 处的土层中，对照组的根尖数高于轻旱处理，可见轻旱会导致深层根尖数降低；中旱处理下，各个土壤层中根尖数分别比对照组低52.94%、36.23%、14.29%、61.11%、78.86%；随着干旱程度的增加，中旱结束后表层（ 0～6 cm ）根尖数分别比轻旱处理后低42.86%、21.43%。在抽雄—灌浆期，轻旱结束后，每层土壤的根尖数比同时期对照处理下分别低 17.83%、27.85%、

10.53%、56.86%；中旱结束后，每层土壤的根尖数分别比同时期对照处理下低8.14%、65.82%、18.42%、64.71%。

夏玉米在经历由旱转涝过程中，中涝在一定程度上可以缓解前期干旱对土壤中表层和深层根尖数的影响。不同土壤深度的根尖数对不同旱涝急转情景的响应不同：在幼苗—拔节期，轻旱急转中涝后，主要表现为表层根系迅速增加，中旱急转中涝后，主要是深层根增加较多。在抽雄—灌浆期也有相同的规律。

在幼苗—拔节期，轻旱急转中涝后，表层（0～6 cm）土壤中的根尖数与轻旱结束后相比增加了15条，深层（8～16 cm）土壤中的根尖数增加了13条；中旱急转中涝后，与中旱结束后相比，表层（0～6 cm）土壤中的根尖数增加了12条，深层（8～16 cm）土壤中的根尖数增加了21条。在抽雄—灌浆阶段，轻旱急转中涝后，与轻旱结束后相比，表层（0～40 cm）土壤中的根尖数增加了115条，深层（60～80 cm）土壤中的根尖数增加了14条；中旱急转中涝后，表层（0～40 cm）土壤中的根尖数比中旱结束后增加了21条，深层（60～80 cm）土壤中的根尖数比中旱处理后增加了65条根。

7.1.1.3 旱涝急转下成熟期根系垂直分布特征

对土壤–夏玉米组合单元内八种旱涝急转情景下夏玉米成熟期根系进行对比分析（图7-3）。研究发现，轻涝处理下可提高整株植株中20 cm层中的根系比例，与轻涝相反，中涝下将会导致整株植株中20 cm层中的根系比例下降，并且，与轻旱后急转涝胁迫相比，中旱后急转涝胁迫根系更难以恢复生长。

先期旱胁迫，后期轻涝处理下，在幼苗—拔节期，轻旱—轻涝处理下，20 cm层的根尖数占44.31%，中旱—轻涝处理下，20 cm层的根尖数占35.86%；在抽雄—灌浆期，轻旱—轻涝处理下，20 cm的根尖数占39.57%，中旱—轻涝处理下，20 cm层的根尖数占45.53%。对照处理下，20 cm层的根尖数占整株植株的28.79%。

先期旱胁迫，后期中涝胁迫下，在幼苗—拔节期，轻旱—中涝处理下，20 cm层的根尖数占23.10%，中旱—中涝处理下，20 cm层的根尖数占24.65%；在抽雄—灌浆期，轻旱—中涝处理下，20 cm的根尖数占24.28%，中旱—中涝处理下，20 cm层的根尖数占29.23%。对照处理下，20 cm层的根尖数占整株植株的31.31%。

中旱后叠加涝胁迫，根系难以恢复生长。在幼苗—拔节期，轻旱—轻涝处理下，20 cm层的根尖数和根表面积大于40 cm层的根尖数和根表面积，中旱—轻涝处理下，20 cm层的根尖数和根表面积小于40 cm层的根尖数和根表面积，这可能是由于随着干旱程度的加深，20 cm层的根系死亡较多，对根系造成不

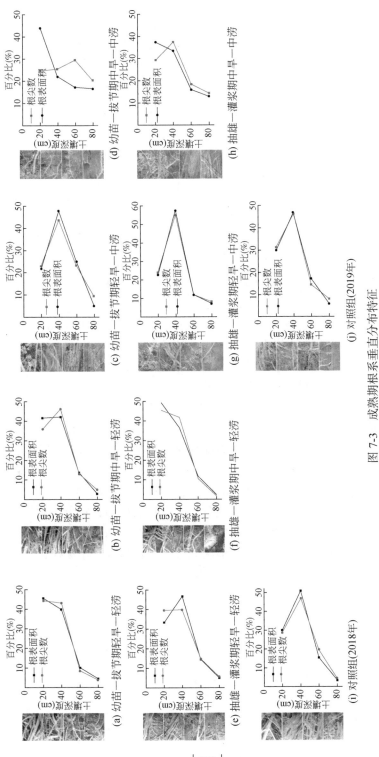

图 7-3　成熟期根系垂直分布特征

可逆的损伤。

在抽雄—灌浆期，轻旱—轻涝处理下，40 cm 层的根尖数和根表面积大于 20 cm 层，中旱—轻涝处理下，40 cm 层的根尖数和根表面积小于 20 cm 层，在抽雄—灌浆期，干旱对 40 cm 层根系影响较大，随着干旱天数的增加，40 cm 层根系受损严重，并且旱涝急转胁迫结束后不能恢复到正常生长水平。

在幼苗—拔节阶段，与轻旱—中涝相比，中旱—中涝下，20 cm 和 40 cm 的根尖数和根表面积所占比例降低，60 cm 和 80 cm 层根系占比增加，说明中旱—中涝处理后，将对表层根系造成不可逆的损伤，即使胁迫结束，表层根系也不能恢复生长。对于抽雄—灌浆期同样处理下，也有相同的规律。已有研究表明，土壤含水量对根系生长至关重要（Suriyagoda et al., 2014），干旱条件下土壤含水量降低（何恺文，2017），随着干旱时间延长，土壤表层中的水分会进一步降低，这将导致表层土壤的根系衰亡较多，植株为了获取更多的水分，根系下扎。

7.1.1.4 旱涝急转下根系径级分布特征

在土壤–夏玉米组合单元内，对 2019 年试验中四种不同旱涝急转情景下夏玉米根系径级对比分析可知（图 7-4），细根（$0 < D \leq 0.5$ mm）是夏玉米根系的主要组成部分，旱涝急转事件会导致根系变细，并且，旱涝急转事件对 $0 < D \leq 0.5$ mm 区间的细根影响显著。

在整个夏玉米生长季内，所有处理下，$0 < D \leq 0.5$ mm 区间的根尖数呈逐渐增加的规律，并且随着生育期的推进，根系均表现为先增粗，后粗根消失。

在旱涝急转事件发生的过程中，随着前期干旱程度的加深，根直径将会增大。在幼苗—拔节期，随着干旱天数的延长，对细根影响较小，主要表现为根系增粗。在抽雄—灌浆期，随着干旱程度的加深，将会造成细根（$0 < D \leq 0.5$ mm）减少，粗根增多。由干旱急转中涝后，对幼苗拔节期试验组，每个区间的根均会增多，并且，与干旱结束后相比，根会继续增粗；对抽雄—灌浆期试验组，只有 $0 < D \leq 0.5$ mm 区间的根增多，其他区间根数量均呈现减小规律，并且，与干旱结束后相比，根直径不会增大。

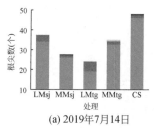
(a) 2019 年 7 月 14 日

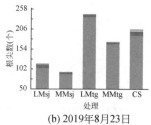
(b) 2019 年 8 月 23 日

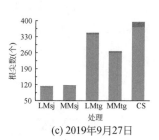
(c) 2019 年 9 月 27 日

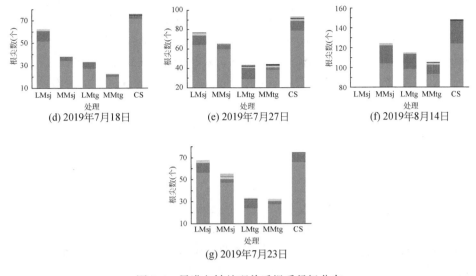

图 7-4 旱涝急转处理前后根系径级分布

■ 0<D≤0.5 mm   ■ 0.5<D≤1 mm   ▨ 1<D≤1.5 mm
■ 1.5<D≤2 mm   ▤ 2<D≤2.5 mm   ▨ D>2.5 mm

　　研究表明，土壤中的水分含量与 $0<D\leq0.5$ mm 的根系密切相关（何恺文，2017）。夏玉米生长季内，各处理下，根系主要集中分布在 $0<D\leq0.5$ mm 区间，占 67% ～ 98%。在幼苗—拔节期，轻旱—中涝处理下，成熟期根系径级分布在 $0<D\leq1.5$ mm 区间，其中，0.5 mm $<D\leq1.5$ mm 区间中观测到的根尖数为 6 条，中旱—中涝处理下，成熟期根系径级分布区间为 $0<D\leq1$ mm，其中，0.5 mm $<D\leq1$ mm 区间观测到的根尖数有 3 条；在抽雄—灌浆期，轻旱—中涝试验组下的成熟期根系径级分布在 $0<D\leq1$ mm，其中，0.5 mm $<D\leq1$ mm 区间的根尖数有 8 条，中旱—中涝试验组的成熟期根系径级分布在 $0<D\leq1$ mm，其中，0.5 mm $<D\leq1$ mm 的根尖数是 7 条。对照组成熟期的根系径级分布在 $0<D\leq1.5$ mm，而 0.5 mm $<D\leq1.5$ mm 区间观测到的根尖数最大，有 24 条。因此，夏玉米生育期内发生旱涝急转事件会导致根变细。

　　随着干旱时间的延长，根直径会增大。在幼苗—拔节期，轻旱结束后，根尖数主要分布在 $0<D\leq1$ mm 区间内，位于 $0<D\leq0.5$ mm 区间的根尖数占 91.07%，0.5 mm $<D\leq1$ mm 占 8.93%；中旱结束后，根尖数主要分布在 $0<D\leq2$ mm，$0<D\leq0.5$ mm 占 90.3%，0.5 mm $<D\leq1$ mm 占 8.0%，1 mm $<D\leq1.5$ mm 占 0.9%，1.5 mm $<D\leq2$ mm 占 0.9%，可见，随着干旱时间的延长，根径级分布范围变广。在抽雄—灌浆期，轻旱结束后，根尖数主要分布在 $0<D\leq1.5$

mm 区间内，位于 $0 < D \leqslant 0.5$ mm 区间的根尖数占 85.51%，0.5 mm $< D \leqslant 1$ mm 占 13.33%，1 mm $< D \leqslant 1.5$ mm 占 1.16%；中旱结束后，根尖数主要分布在 $0 < D \leqslant 2$ mm，$0 < D \leqslant 0.5$ mm 占 88.60%，0.5 mm $< D \leqslant 1$ mm 占 8.86%，1 mm $< D \leqslant 1.5$ mm 占 1.90%，1.5 mm $< D \leqslant 2$ mm 占 0.63%，随着干旱程度的加深，$0 < D \leqslant 1$ mm 区间的根减少，1 mm $< D \leqslant 2$ mm 区间的根增多。

在幼苗—拔节期，轻旱急转中涝后，根尖数主要分布在 $0 < D \leqslant 1.5$ mm 区间内，位于 $0 < D \leqslant 0.5$ mm 区间的根尖数占 83.14%，0.5 mm $< D \leqslant 1$ mm 占 13.40%，$1 < D \leqslant 1.5$ mm 占 3.46%，与干旱结束后相比，根直径增大，各区间的根数量均增加；中旱—中涝后，根尖数主要分布在 $0 < D \leqslant 2.5$ mm，$0 < D \leqslant 0.5$ mm 占 90.82%，0.5 mm $< D \leqslant 1$ mm 占 7.14%，1 mm $< D \leqslant 1.5$ mm 占 1.02%，1.5 mm $< D \leqslant 2$ mm 占 0.51%，2 mm $< D \leqslant 2.5$ mm 占 0.51%，与干旱结束后相比，根直径增大，各区间的根数量均增加。在抽雄—灌浆期，轻旱—中涝处理后，根尖数主要分布区间为 $0 < D \leqslant 1.5$ mm，$0 < D \leqslant 0.5$ mm 占 96.59%，0.5 mm $< D \leqslant 1$ mm 占 3.27%，1 mm $< D \leqslant 1.5$ mm 占 0.14%，根系分布区间与干旱结束后相比一致，但位于 $0 < D \leqslant 0.5$ mm 区间的根尖数大于干旱后，其他区间则小于干旱结束后；中旱急转中涝后，根尖数主要分布在 $0 < D \leqslant 2$ mm 区间内，$0 < D \leqslant 0.5$ mm 占 96.53%，0.5 mm $< D \leqslant 1$ mm 占 2.70%，1 mm $< D \leqslant 1.5$ mm 占 0.58%，1.5 mm $< D \leqslant 2$ mm 占 0.19%，与干旱结束相比，根系分布区间没有发生变化，$0 < D \leqslant 0.5$ mm 区间的根尖数大于中旱处理，其他区间小于中旱处理。

7.1.2 旱涝急转对根系生物量的影响

对土壤 – 夏玉米组合单元内 2019 年试验中四种不同旱涝急转情景下夏玉米根系生物量进行对比分析（图 7-5）。夏玉米任一生育期内发生旱涝急转事件，均不利于根系生物量的积累。相比幼苗—拔节期，旱涝急转对抽雄—灌浆期根干重影响较大。任何程度的干旱、洪涝均会导致根干重降低。但在幼苗—拔节期，干旱下根生物量仍可缓慢积累，而在抽雄—灌浆期，干旱下根生物量的积累受到抑制；对于洪涝下根生物量的积累，也有相同的规律。

在幼苗—拔节期，轻旱结束后根干重比对照组低 83.13%，中旱结束后比对照处理低 50.94%，随着干旱程度的加深，与轻旱结束后相比，中旱结束后根干重增加了 2.78 g；在抽雄—灌浆阶段，轻旱和中旱处理结束后根干重分别比对照组低 73.02% 和 81.13%，与幼苗—拔节期不同的是，随着干旱程度的加深，根干重减少了 4.6 g。

旱涝急转发生后，各旱涝急转情景下根干重均低于对照处理。在幼苗—拔节期，轻旱急转中涝下，根干重比对照组低 78.79%，与干旱结束后相比，根干重增加了 2.8 g，同时期对照组增加了 12.35 g。中旱急转中涝处理后，根干重比对照组低 66.43%，与中旱结束后相比根干重增加了 1.28 g，同时期对照组增加了 7.1 g；在抽雄—灌浆期，轻旱急转中涝处理下根干重比对照组低 88.04%，与轻旱结束后相比降低了 6.5g，中旱急转中涝结束后比对照组低 86.01%，与中旱结束后相比降低了 0.4g，同时期对照组增加了 16.9g。

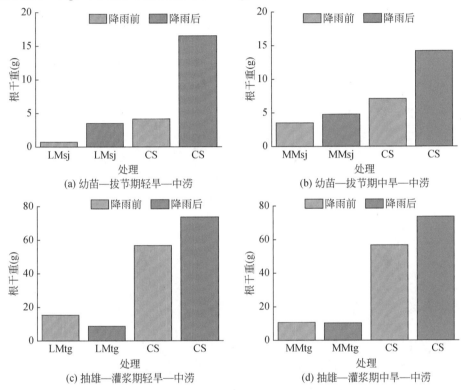

图 7-5　旱涝急转前后根干重变化特征

7.2　旱涝急转对茎生长的影响

7.2.1　旱涝急转对株高及茎粗的影响

在土壤 – 夏玉米组合单元内，对八种不同旱涝急转情景下夏玉米株高进行研究分析（图 7-6）。在夏玉米生育期内，株高在幼苗—拔节期迅速增大，在抽雄期达到最大值，之后趋于稳定。旱涝急转事件下夏玉米成熟期株高略高于对照组，因此，旱涝急转下夏玉米株高有增高趋势。

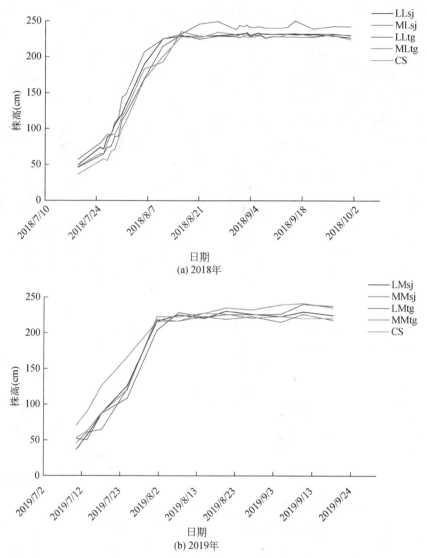

图 7-6　不同处理下株高生长变化特征

对八种旱涝急转情景下夏玉米茎粗进行分析（图 7-7）可知，旱涝急转事件会造成夏玉米茎粗变细。本次试验中，所有旱涝急转处理下夏玉米茎粗均比对照处理下低 0.15 ～ 0.79 cm。各旱涝急转处理下，茎粗依次递减顺序为：LLsj、MLsj、MLtg、LLtg、MMtg、LMtg、MMsj、LMsj。可见，轻涝处理下的夏玉米茎粗高于中涝处理，并且，轻涝处理下幼苗—拔节期的茎粗高于抽雄—灌浆期处理，但在中涝处理下，抽雄—灌浆期茎粗高于幼苗—拔节期。由此可以推断，相比于轻涝，中涝对茎粗影响更大，尤其是对幼苗—拔节期。

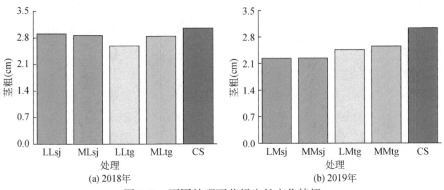

图 7-7 不同处理下茎粗生长变化特征

7.2.2 旱涝急转对茎生物量的影响

对 2019 年试验中四种旱涝急转情景下夏玉米茎生物量进行对比分析（图 7-8）。旱涝急转事件导致茎生物量降低，不利于茎营养物质的积累，对整个生育期内造成夏玉米营养生长匮乏。旱涝急转发生在抽雄—灌浆期时对茎生物量的影响最为不利。

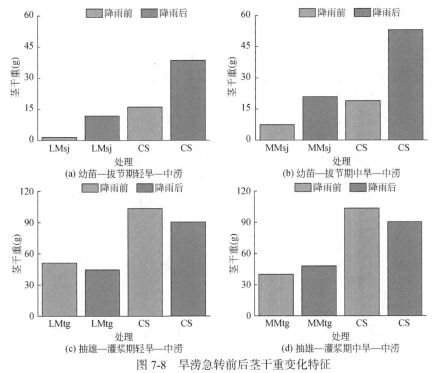

图 7-8 旱涝急转前后茎干重变化特征

不同生育期间，干旱发生在抽雄—灌浆期对茎生物量的积累最为不利。在幼苗—拔节期，随着干旱天数的增加，茎生物量进行缓慢积累，但在抽雄—灌浆期则相反，随着干旱程度的增加，茎生物量的积累表现为受到抑制。可见，茎生物量的积累对抽雄—灌浆期发生干旱较为敏感。

抽雄—灌浆期发生中旱—中涝时，对营养物质的转移最为不利。在幼苗—拔节期，旱涝急转事件发生后，茎生物量仍可进行积累；在抽雄—灌浆期，轻旱急转轻涝后，茎生物量与轻旱结束后相比低 6.6 g；中旱急转中涝后，与中旱结束后相比，茎生物增加了 8.1 g，同时期对照组处理下，茎生物降低了 12.8 g。夏玉米在抽雄—灌浆期间，主要进行生殖生长，此时中旱急转中涝下将会造成营养物质没有及时向果实转移，可见，洪涝抑制了营养物质从茎干向果实转移，对籽粒建成不利。

7.3　旱涝急转对叶生长的影响

7.3.1　旱涝急转对叶面积指数的影响

整个生长季内，夏玉米的叶面积指数在播种期较小，拔节期迅速增大，抽雄期达到最大值后缓慢下降，与前人研究得出的结论一致（Dwyer and Stewart，1984；Gitelson et al.，2003）。对比不同旱涝急转情景与对照组夏玉米叶面积指数变化发现（图 7-9），整体来看，夏玉米生育期内发生旱涝急转事件会使叶面积指数降低，并且会缩短叶片生长期，使叶面积指数提前达到最大值。

整个生育期内，各处理的叶面积指数均在 0 ～ 6。幼苗—拔节期，旱涝急转处理组叶面积指数大多在 2 ～ 3，对照组在 2 ～ 4。抽雄—灌浆期，旱涝急转处理组叶面积指数大多在 3 ～ 5，对照组在 3 ～ 6。成熟期，旱涝急转处理组叶面积指数大多在 2 ～ 4，对照组在 3 ～ 5。

含轻涝的旱涝急转处理的叶面积指数最大值均出现在 2018 年 8 月 16 日，幼苗—拔节期轻旱—轻涝处理、幼苗—拔节期中旱—轻涝处理、抽雄—灌浆期轻旱—轻涝处理和抽雄—灌浆期中旱—轻涝处理的叶面积指数最大值分别为 3.65、3.37、3.12 和 3.33；对照组夏玉米叶面积指数最大值出现在 2018 年 9 月 1 日，最大值为 3.72。与对照组相比，幼苗—拔节期轻旱—轻涝处理、幼苗—拔节期中旱—轻涝处理、抽雄—灌浆期轻旱—轻涝处理和抽雄—灌浆期中旱—轻涝处理的叶面积指数最大值分别低 0.07、0.35、0.06 和 0.39（降幅分别为 2%，9%，16% 和 11%）。由此可知，幼苗—拔节期发生旱涝急转（轻涝）较抽雄—灌浆期对叶面积指数最大值影响相对较小；幼苗—拔节期轻旱—轻涝处理较中旱—轻涝处理对叶面积指数最大值影响相对较小，抽雄—灌浆期规律相反。

含中涝的旱涝急转处理的叶面积指数最大值出现时间点略有差异，幼苗—拔节期轻旱—中涝处理叶面积指数最大值为 3.71，出现在 2019 年 8 月 2 日；幼苗—拔节期中旱—中涝处理叶面积指数最大值为 3.78，出现在 2019 年 8 月 8 日；抽雄—灌浆期轻旱—中涝处理叶面积指数最大值为 4.23，出现在 2019 年 8 月 2 日；抽雄—灌浆期中旱—中涝处理的叶面积指数最大值为 5.13，出现在 2019 年 8 月 15 日；对照组夏玉米叶面积指数最大值为 5.59，出现在 2019 年 8 月 21 日。与对照组相比，幼苗—拔节期轻旱—中涝处理、幼苗—拔节期中旱—中涝处理、抽雄—灌浆期轻旱—中涝处理和抽雄—灌浆期中旱—中涝处理的叶面积指数最大值分别低1.88、1.81、1.36 和 0.46（降幅分别为 34%、32%、24% 和 8%）。由此可知，幼苗—拔节期发生旱涝急转（中涝）较抽雄—灌浆期对叶面积指数最大值影响相对较大；且轻旱—轻涝处理较中旱—轻涝处理对叶面积指数最大值影响相对较大。

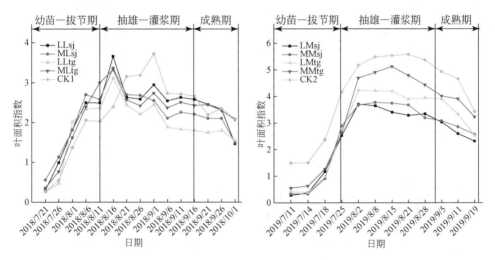

图 7-9　旱涝急转下夏玉米叶面积指数变化

7.3.2　旱涝急转对叶生物量的影响

在土壤－夏玉米组合单元内对 2019 年试验中不同旱涝急转前后叶生物量进行对比分析（图 7-10）。旱涝急转会造成叶干物质积累受阻，干旱处理后，叶干物质比对照组低 40% 以上，急转洪涝处理后，叶干物质比对照组低 50% 以上。

随着干旱程度的加深，幼苗—拔节期叶生物量会缓慢积累，在抽雄—灌浆期却相反。在幼苗—拔节期，轻旱处理下，叶干重比对照组低 83.43%，中旱处理下，叶干重比对照组低 46.06%，随着干旱天数的增加，中旱处理后叶干重高于轻旱处理；在抽雄—灌浆期，轻旱处理下，叶干重比对照组低 42.09%，中旱处理下叶干重比对照组低 51.31%，中旱结束后叶干重低于轻旱处理。

在幼苗—拔节期轻旱—中涝处理、幼苗—拔节期中旱—中涝处理及抽雄—灌浆期中旱—中涝处理降雨后，叶干重高于其干旱结束后，而抽雄—灌浆期轻旱—中涝处理下，叶干重低于轻旱处理后，这可能是干物质提前向其他部分转化与分配。在幼苗—拔节期，轻旱—中涝处理下叶干重比对照组低 61.84%，中旱—中涝处理下叶干重比对照组低 54.41%；在抽雄—灌浆期，轻旱—中涝处理下叶干重比对照组低 53.94%，中旱—中涝处理下叶干重比对照组低 58.29%。

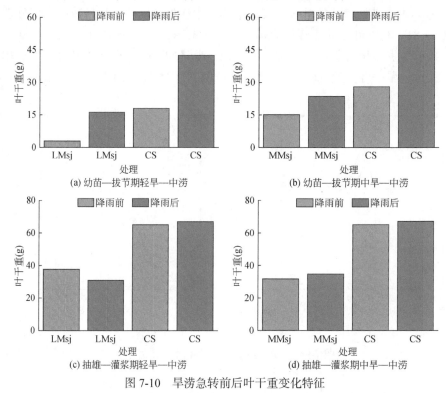

图 7-10　旱涝急转前后叶干重变化特征

7.4　旱涝急转对果实的影响

7.4.1　旱涝急转对夏玉米籽粒品质的影响

与对照组相比，夏玉米生育期内发生旱涝急转籽粒粗蛋白含量基本减少[图 7-11（a）]。与对照组粗蛋白含量相比，幼苗—拔节期轻旱—轻涝处理、幼苗—拔节期中旱—轻涝处理、抽雄—灌浆期轻旱—轻涝处理以及抽雄—灌浆期中旱—轻涝处理的粗蛋白含量分别减少 0.11%、-0.42%、0.45% 和 -0.01%（降幅分别为 2%、-6%、7% 和 -0.1%）；幼苗—拔节期轻旱—中涝处理、幼苗—拔节期中旱—中涝处理、抽雄—灌浆期轻旱—中涝处理以及抽雄—灌浆期中旱—中涝处理的粗蛋白含量分别减少 1.8%、0、0.61% 和 0.25%（降幅分别为 19%、0、6% 和 3%）。对比来看，中涝等级较轻涝等级的旱涝急转对籽粒蛋白质含量的减少作用更大；轻旱等级的旱涝急转处理下籽粒蛋白质含量的减少幅度均大于中旱处理。

与对照组相比，夏玉米生育期内发生轻涝等级的旱涝急转籽粒粗脂肪含量基本减少，而发生中涝等级的旱涝急转籽粒粗脂肪含量基本增加 [图 7-11（b）]。与对照组粗脂肪含量相比，幼苗—拔节期轻旱—轻涝处理、幼苗—拔节期中旱—轻涝处理、抽雄—灌浆期轻旱—轻涝处理以及抽雄—灌浆期中旱—轻涝处理的粗脂肪含量分别减少 0.59%、0.30%、-0.55% 和 0.05%（降幅分别为 7%、4%、-7% 和 1%）；幼苗—拔节期轻旱—中涝处理、幼苗—拔节期中旱—中涝处理、抽雄—灌浆期轻旱—中涝处理以及抽雄—灌浆期中旱—中涝处理的粗脂肪含量分别增加 0.58%、0、0 和 1.1%（增幅分别为 6%、0、0 和 11%）。

与对照组相比，夏玉米生育期内发生旱涝急转籽粒粗淀粉含量基本增加 [图 7-11（c）]。与对照组粗淀粉含量相比，幼苗—拔节期轻旱—轻涝处理、幼苗—拔节期中旱—轻涝处理、抽雄—灌浆期轻旱—轻涝处理以及抽雄—灌浆期中旱—轻涝处理的粗淀粉含量分别增加 1.4%、0.25%、-1.6% 和 1.3%（增幅分别为 2%、0.4%、-2% 和 2%）；幼苗—拔节期轻旱—中涝处理、幼苗—拔节期中旱—中涝处理、抽雄—灌浆期轻旱—中涝处理以及抽雄—灌浆期中旱—中涝处理的粗淀粉含量分别增加 -1.9%、1.3%、0.28% 和 -0.26%（增幅分别为 -3%、2%、0.4% 和 -0.4%）。

与对照组相比，夏玉米生育期内发生轻旱—轻涝籽粒粗纤维含量减少，其他旱涝急转处理籽粒粗纤维含量基本增加 [图 7-11（d）]。与对照组粗纤维含量相比，幼苗—拔节期轻旱—轻涝处理、幼苗—拔节期中旱—轻涝处理、抽雄—灌浆期轻旱—轻涝处理以及抽雄—灌浆期中旱—轻涝处理的粗纤维含量分别增加 -0.11%、0.06%、-0.06% 和 0.13%（增幅分别为 -7%、4%、-4% 和 9%）；幼苗—拔节期轻旱—中涝处理、幼苗—拔节期中旱—中涝处理、抽雄—灌浆期轻旱—中涝处理以及抽雄—灌浆期中旱—中涝处理的粗纤维含量分别增加 0.21%、0、-0.02% 和 0.11%（增幅分别为 14%、0、-2% 和 7%）。

综合来看，旱涝急转发生对夏玉米籽粒品质特别是粗纤维和粗淀粉含量未有显著性影响。不同程度的旱涝急转会使夏玉米籽粒的粗蛋白含量略有减少；轻涝等级的旱涝急转会使夏玉米籽粒的粗脂肪含量减少，而中涝等级的旱涝急转则使粗脂肪含量增加。毕吴瑕（2020）分析成熟期夏玉米各器官的磷吸收得出发生旱涝急转会影响后续夏玉米对磷素的吸收，由此推断，作物对氮磷等营养素的吸收决定了粗蛋白的合成，而粗脂肪的合成与水分含量密切相关。

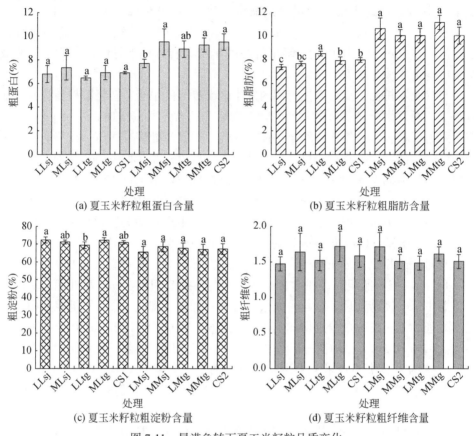

(a) 夏玉米籽粒粗蛋白含量

(b) 夏玉米籽粒粗脂肪含量

(c) 夏玉米籽粒粗淀粉含量

(d) 夏玉米籽粒粗纤维含量

图 7-11　旱涝急转下夏玉米籽粒品质变化

7.4.2　旱涝急转对夏玉米籽粒产量的影响

与对照组相比，夏玉米生育期内发生旱涝急转均会造成不同程度的减产 [图 7-12（a）]。与对照组单位面积产量相比，幼苗—拔节期轻旱—轻涝处理、幼苗—拔节期中旱—轻涝处理、抽雄—灌浆期轻旱—轻涝处理以及抽雄—灌浆期中旱—轻涝处理的单位面积产量分别减少 1287.5 kg/hm²、1084.6 kg/hm²、812.7 kg hm² 和 2224.6 kg/hm²（降幅分别为 17%、15%、11% 和 30%）；幼苗—拔节期轻旱—中涝处理、幼苗—拔节期中旱—中涝处理、抽雄—灌浆期轻旱—中涝处理及抽雄—灌浆期中旱—中涝处理的单位面积产量分别减少 3888.9 kg/hm²、

4998.0 kg/hm²、3759.0 kg/hm² 和 4090.0 kg/hm²（降幅分别为 33%、42%、32% 和 35%）。对比来看，中涝等级较轻涝等级的旱涝急转对籽粒产量造成更大程度 的减产；相同洪涝等级下，除幼苗—拔节期的轻旱—轻涝处理减产作用略大于中 旱—中涝处理，其他旱涝急转处理均是中旱处理的减产作用大于轻旱处理。

各旱涝急转处理下百粒重与对照组没有显著性差异[图 7-12（b）]，但有变 重的趋势。与对照组百粒重相比，幼苗—拔节期轻旱—轻涝处理、幼苗—拔节期 中旱—轻涝处理、抽雄—灌浆期轻旱—轻涝处理以及抽雄—灌浆期中旱—轻涝处 理的百粒重分别增加 1.3 g、4.3 g、2.6 g 和 0.7 g（增幅分别为 4%、12%、7% 和 2%）； 幼苗—拔节期轻旱—中涝处理、幼苗—拔节期中旱—中涝处理、抽雄—灌浆期轻 旱—中涝处理以及抽雄—灌浆期中旱—中涝处理的百粒重分别增加 3.0 g、–2.2 g、 3.0 g 和 0.01 g（增幅分别为 6%、–4%、6% 和 0.02%）。可见，除幼苗—拔节期 中旱—中涝处理下籽粒百粒重低于对照组，其他旱涝急转组籽粒百粒重高于对照 组；轻涝等级的旱涝急转处理下百粒重增加幅度大于中涝等级的旱涝急转处理； 相同洪涝等级下，除幼苗—拔节期轻旱—轻涝处理百粒重低于中旱—轻涝处理， 其他轻旱等级的旱涝急转处理的百粒重均较中旱等级高。

旱涝急转处理的夏玉米每穗的总粒数与对照组存在显著性差异（图 7-12c）， 且每穗总粒数明显减少。与对照组相比，幼苗—拔节期轻旱—轻涝处理、幼苗— 拔节期中旱—轻涝处理、抽雄—灌浆期轻旱—轻涝处理以及抽雄—灌浆期中旱— 轻涝处理的每穗总粒数分别减少 132 粒、147 粒、163 粒和 147 粒（降幅分别为 27%、30%、33% 和 30%）；幼苗—拔节期轻旱—中涝处理、幼苗—拔节期中旱—

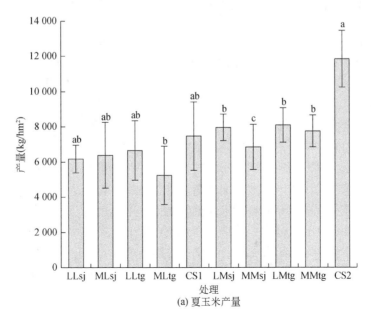

(a) 夏玉米产量

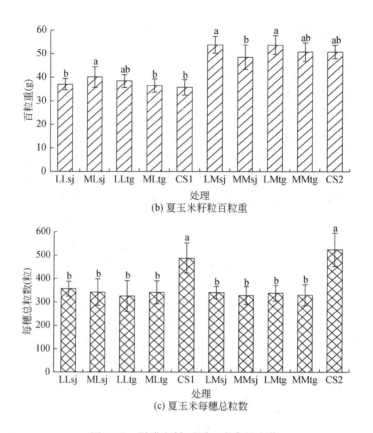

(b) 夏玉米籽粒百粒重

(c) 夏玉米每穗总粒数

图 7-12　旱涝急转下夏玉米产量变化

中涝处理、抽雄—灌浆期轻旱—中涝处理以及抽雄—灌浆期中旱—中涝处理的每穗总粒数分别减少 184 粒、196 粒、186 粒和 194 粒（降幅分别为 35%、38%、36% 和 37%）。可见，夏玉米生育期内发生旱涝急转会导致果穗穗形变小，每穗总粒数减少，进而使产量下降。中涝等级较轻涝等级的旱涝急转对每穗总粒数影响更大；除抽雄—灌浆期轻旱—轻涝处理每穗总粒数的减少幅度高于中旱—中涝处理，其他轻旱—中涝处理每穗总粒数的减少幅度均低于中旱—中涝处理。

对比分析八种不同生育期旱涝急转情景下籽粒产量及其构成因子发现，夏玉米在幼苗—拔节期和抽雄—灌浆期遭遇旱涝急转事件均会造成不同程度的减产，主要是因为旱涝急转会导致夏玉米果穗的穗形变小、每穗总粒数减少。研究结果表明，与对照组相比，轻旱—轻涝处理籽粒产量平均降幅约为 14%，中旱—轻涝处理籽粒产量平均降幅约为 22%，轻旱—中涝处理籽粒产量平均降幅约为 32%，中旱—中涝处理籽粒产量平均降幅约为 38%。旱涝急转与对照组相比，夏玉米各器官磷吸收均减少，说明夏玉米对磷素吸收会影响最后产量。

7.5 旱涝急转对夏玉米生长发育的影响机理

基于旱涝急转对土壤－夏玉米组合单元内根、茎、叶及果实等生长发育指标的影响，结合各生长发育指标之间的相关性分析，对作物所受影响做出综合评价，并进一步对旱涝急转对夏玉米生长发育的影响机理进行揭示。

7.5.1 各因素与产量之间的相关关系

对旱涝急转下夏玉米农艺性状与产量之间进行相关性分析（图7-13），研究发现，夏玉米籽粒产量和品质与根系密切相关。籽粒产量与根长、根表面积和根尖数呈正相关关系，相关系数分别为 0.61、0.22、0.69。粗蛋白含量与各根系参数呈正相关，相关系数约为 0.2。而籽粒中粗脂肪、粗纤维与各根系参数呈负相关，与叶面积指数呈正相关关系。本次试验中，叶面积指数与籽粒产量和品质均为正相

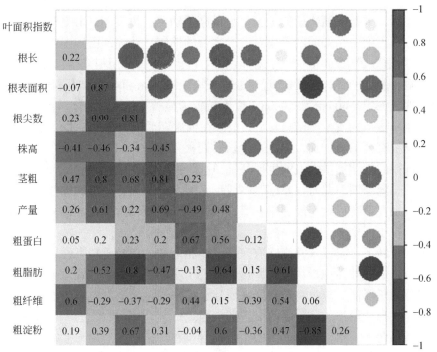

图 7-13 农艺性状与产量的相关关系

关关系。株高与产量呈负相关，相关系数为 0.49，与粗蛋白和粗纤维呈正相关，相关系数分别为 0.67 和 0.44。茎粗与产粗蛋白呈显著正相关，与脂肪呈负相关关系。

7.5.2　旱涝急转对夏玉米的影响机理揭示

本书研究主要从根系、株高、茎粗、叶面积指数、果穗产量及其构成和籽粒品质等方面探讨旱涝急转事件对夏玉米生长发育的影响，并结合土壤含水量深度剖析其影响机理。结果表明，旱涝急转事件发生在不同生育期会产生不同的影响，并且在旱涝急转发生期间，$0 < D \leqslant 0.5$ mm 区间的根系最为活跃。当干旱发生后，土壤含水量首先发生变化，随着干旱程度的加深，土壤表层中的水分进一步降低。

此时，若干旱发生在幼苗—拔节期，随着干旱程度的加深，对根系整体生长是不利的，但该时期根系较小，主要进行生长、伸长，随着干旱时间的延长，根系仍能进行缓慢生长并增粗，此时，中旱处理下土壤浅层 0 ～ 6 cm 的根尖数减小较为显著；而在抽雄—灌浆期，干旱对 40 cm 层的根系影响最大，随着干旱程度的加深，40 cm 层的根尖数减小最为显著。

降雨后，抽雄—灌浆期的土壤含水量高于幼苗—拔节期，由干旱急转洪涝处理后，一定程度上缓解前期干旱对玉米生长的抑制。若强降雨发生在幼苗—拔节期，降雨后根数量增加，但仍低于对照组，对土壤中垂直分层根系生长无明显规律；若强降雨发生在抽雄—灌浆期，轻旱处理下表层（20 cm 和 40 cm）根生长较为显著，中旱处理下深层（60 cm 和 80 cm）根生长较为显著。

幼苗—拔节期发生旱涝急转后，根系在抽雄期后活力降低、生长停滞，根长、根数量及根直径不再增加，因此在生长后期根系在横向和纵向上分布较少，不能为后期籽粒的构建提供强大的生理基础，这是导致幼苗—拔节期减产的主要原因。而在抽雄—灌浆期，此时根系已基本成形，对水分胁迫有一定的抗性，经历旱涝急转后根系在生育后期仍能保持旺盛，因此，旱涝急转发生在抽雄—灌浆期时对根系影响较小。

旱涝急转下，夏玉米株高略有升高，茎粗变细。旱涝急转事件会导致叶片生长期缩短，最大叶面积指数降低并提前出现。旱涝急转均会导致夏玉米减产，主要原因是穗长降低，导致总粒数降低所致，但旱涝急转下百粒重增加。本次研究发现，夏玉米产量与 40 cm 层的根系密切相关。

旱涝急转下，根、茎、叶中的粗蛋白含量在幼苗—拔节期和抽雄—灌浆期规律明显不同。幼苗—拔节期发生旱涝急转后，根系中的粗蛋白含量下降，粗纤维、粗脂肪、粗淀粉含量均表现为增加；而在抽雄—灌浆期，粗蛋白含量增加，粗纤维、粗脂肪、粗淀粉含量均增加。旱涝急转下茎中的粗蛋白、粗纤维和粗脂肪含量与根系中规律相同,而茎中的粗淀粉含量在幼苗—拔节期旱涝急转处理组下增加较大,在抽雄—灌浆期试验组中与对照组没有明显差异。叶中的粗蛋白、粗脂肪、粗淀粉规律与根系相同,而粗脂肪在前期旱涝急转试验组下降低,后期试验组下又有所升高。在旱涝急转试验组(幼苗—拔节期),果实中的粗蛋白和粗脂肪含量降低,而在抽雄—灌浆期,果实中粗蛋白含量降低,粗脂肪含量增加。对于果实中粗纤维和粗淀粉没有明显的规律,由此推断粗纤维和粗淀粉含量与水分胁迫没有明显关系。

第 8 章　旱涝急转对夏玉米－砂礓黑土磷素迁移转化的影响机理

8.1　旱涝急转对解磷微生物的影响

8.1.1　旱涝急转对解磷细菌的影响

研究表明，土壤细菌群落能影响磷素的分解和迁移转化（Vessey，2003；Achat et al.，2012；Yevdokimov et al.，2016）。玉米农田土壤中能加速多磷酸盐转化和提高无机磷利用率的细菌基因主要分布在变形菌门（Proteobacteria）和放线菌门（Actinobacteria）（Cavaglieri et al.，2009；Li et al.，2014a；Li et al.，2014b；Wen et al.，2016）。为了更直观地了解旱涝急转对这两种菌门的影响，表 8-1 统计了各处理表层土壤细菌中变形菌门和放线菌门的总序列数。

表 8-1　各处理表层土壤细菌中变形菌门和放线菌门总序列数

处理	土层	基底值	降雨前	降雨后	成熟期
LLsj	0 ～ 40 cm	26 081	–	12 753	–
	0 ～ 20 cm	27 857	–	13 778	–
	20 ～ 40 cm	24 304	–	11 729	–
MLsj	0 ～ 40 cm	19 250		22 819	
	0 ～ 20 cm	20 846		24 305	
	20 ～ 40 cm	17 654	–	21 333	–
LLtg	0 ～ 40 cm	28 385	17 692	17 117	–
	0 ～ 20 cm	29 362	19 405	16 718	–
	20 ～ 40 cm	27 407	15 978	17 516	–
MLtg	0 ～ 40 cm	29 225	20 704	21 988	–
	0 ～ 20 cm	34 294	21 474	21 698	–
	20 ～ 40 cm	24 155	19 934	22 278	–

续表

处理	土层	基底值	降雨前	降雨后	成熟期
CS1	0～40 cm	27 340	–	15 477	–
	0～20 cm	28 407	–	16 371	–
	20～40 cm	26 274	–	14 583	–
LMsj	0～40 cm	16 462	13 879	22 961	21 535
	0～20 cm	15 689	14 046	25 547	21 597
	20～40 cm	17 235	13 712	20 376	21 474
MMsj	0～40 cm	15 134	21 415	20 805	20 567
	0～20 cm	15 825	24 163	21 200	20 847
	20～40 cm	14 443	18 666	20 410	20 287
LMtg	0～40 cm	15 314	11 893	14 706	20 814
	0～20 cm	15 841	12 596	16 171	19 797
	20～40 cm	14 787	11 191	13 240	21 831
MMtg	0～40 cm	15 435	13 531	13 092	22 273
	0～20 cm	14 648	13 138	12 651	23 729
	20～40 cm	16 222	13 923	13 534	20 817
CS2	0～40 cm	18 897	–	13 267	15 039
	0～20 cm	22 148	–	10 846	13 606
	20～40 cm	15 645	–	15 687	16 471

　　与对照组相比，旱涝急转后，幼苗—拔节期旱涝急转处理除轻旱—轻涝处理外，Proteobacteria 和 Actinobacteria 菌门总序列数目均增加，抽雄—灌浆期旱涝急转处理总序列数目均减少，对照组均减少。相同洪涝等级下，干旱程度越大，Proteobacteria 和 Actinobacteria 菌门总序列数目越大；相同干旱等级下，除幼苗—拔节期轻旱—轻涝和轻旱—中涝处理外，洪涝程度越大，总序列数目越小。轻旱等级的旱涝急转处理降雨后较干旱阶段 Proteobacteria 和 Actinobacteria 菌门总序列数目增大，中旱等级的旱涝急转处理则减少。旱涝急转处理成熟期 Proteobacteria 和 Actinobacteria 菌门总序列数目较基底值变大，对照组处理成熟期则变小。整体来看，对照组旱涝急转后 Proteobacteria 和 Actinobacteria 菌

门总序列数目较旱涝急转处理组小；各处理 0 ~ 20 cm 土层中 Proteobacteria 和 Actinobacteria 菌门总序列数目较 20 ~ 40 cm 土层大。由此推断，旱涝急转发生后，Proteobacteria 和 Actinobacteria 菌增加，能促进表层土壤中多磷酸盐的转化和无机磷利用率的提高，且干旱程度越大，旱涝急转后磷素分解转化越多；洪涝程度越大，旱涝急转后磷素分解转化反而有所下降。

本书中不同土层的各处理解磷细菌在细菌群落中的相对丰度如图 8-1 所示。共发现 6 种解磷细菌菌属：*Arthrobacter*、*Bacillus*、*Bradyrhizobium*、*Pseudomonas*、*Nitrosomonas* 和 *Flavobacterium*。其中，*Arthrobacter* 属于 Actinobacteria（放线菌门），*Bacillus* 属于 Firmicutes（厚壁菌门），*Bradyrhizobium*、*Pseudomonas* 和 *Nitrosomonas* 属于 Proteobacteria（变形菌门），*Flavobacterium* 属于 Bacteroidetes（拟杆菌门）。

大多数处理的解磷细菌的相对丰度占细菌群落的 2% ~ 5%。与基底值相比，旱涝急转后，各层土壤中解磷细菌总相对丰度在轻旱—轻涝和中旱—轻涝处理中增加，而在轻旱—中涝和中旱—中涝处理中减小。与对照组相比，旱涝急转后，轻旱—轻涝和中旱—轻涝处理解磷细菌总相对丰度较小，轻旱—中涝和中旱—中涝处理解磷细菌总相对丰度大。干旱等级相同时，洪涝程度越大，旱涝急转后解磷细菌相对丰度越小；洪涝等级相同时，除幼苗—拔节期轻涝处理外，干旱程度越大，旱涝急转后解磷细菌相对丰度越大。与基底值相比，干旱阶段解磷细菌相对丰度变化趋势与旱涝急转后相同。与干旱阶段相比，抽雄—灌浆期轻涝处理和幼苗—拔节期中涝处理旱涝急转后解磷细菌相对丰度增加，抽雄—灌浆期中涝处理旱涝急转后解磷细菌相对丰度减小。成熟期，中涝等级的旱涝处理解磷细菌相对丰度较基底值变小，而对照组则增大。由此可知，旱涝急转对土壤中解磷细菌会产生一定影响，干旱时间越长，旱涝急转后，土壤中解磷细菌相对丰度越大，进而有利于土壤中速效磷的转化；而洪涝程度越大，旱涝急转后土壤中解磷细菌相对丰度越小，反而不利于土壤中速效磷的转化。推测解磷细菌耐旱能力相对较强，耐涝能力相对较弱，旱涝急转中洪涝强度较大，超过解磷细菌耐涝能力阈值，故其相对丰度受到影响。

为进一步探讨旱涝急转对夏玉农田米表层土壤中的解磷细菌菌属的影响的差异显著性，各处理旱涝急转后解磷细菌 Kruskal-Wallis 秩和检验图见图 8-2。

旱涝急转后有很强的显著性差异（$p < 0.001$）的物种有 *Bacillus*；有较强的显著性差异（$p < 0.01$）的物种有 *Arthrobacter*、*Bradyrhizobium*、*Pseudomonas* 和 *Nitrosomonas*；*Flavobacterium* 无显著性差异。可见，旱涝急转对表层土壤中绝大部分解磷细菌有很强的显著性差异，进而影响表层土壤中磷素代谢与循环。

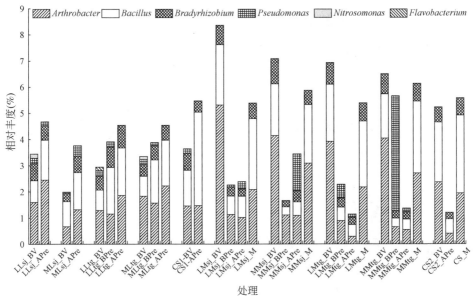

(a) 0~40 cm土层解磷细菌相对丰度

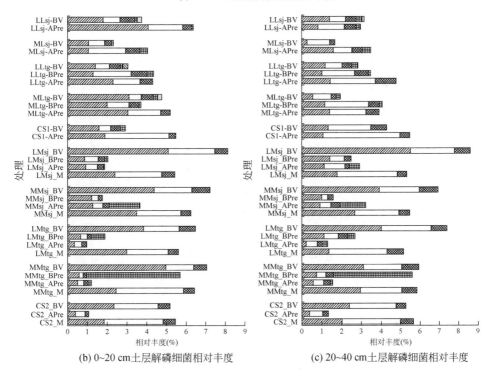

(b) 0~20 cm土层解磷细菌相对丰度 　　 (c) 20~40 cm土层解磷细菌相对丰度

图 8-1　旱涝急转下土壤解磷细菌相对丰度

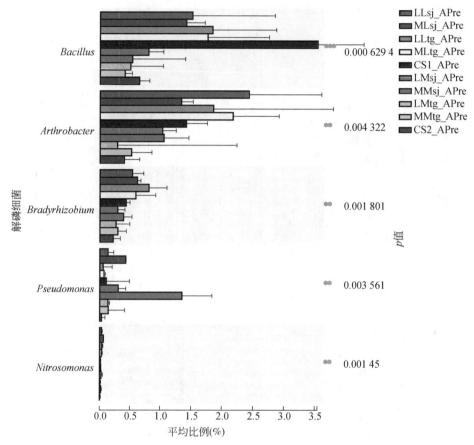

图 8-2　各处理旱涝急转后表层土壤解磷细菌 Kruskal-Wallis 秩和检验图

**, $p < 0.01$; ***, $p < 0.001$

8.1.2　旱涝急转对解磷真菌的影响

本书中不同土层的各处理解磷真菌在真菌群落中的相对丰度如图 8-3 所示。共发现 3 种解磷真菌菌属：*Fusarium*、*Penicillium* 和 *Aspergillus*，这 3 种菌属都属于 Ascomycota（子囊菌门）。

大多数处理的解磷真菌的相对丰度占真菌群落的 10%～25%。与基底值相比，旱涝急转后，0～40 cm 土壤中解磷真菌总相对丰度在幼苗—拔节期轻旱—中涝处理和抽雄—灌浆期中旱—中涝处理减小，在幼苗—拔节期中旱—中涝处理、抽雄—灌浆期轻旱—中涝处理和对照组增大。与对照组相比，旱涝急转后，轻旱—中涝等级旱涝急转处理解磷真菌总相对丰度大，中旱—中涝等级旱涝急转处理相

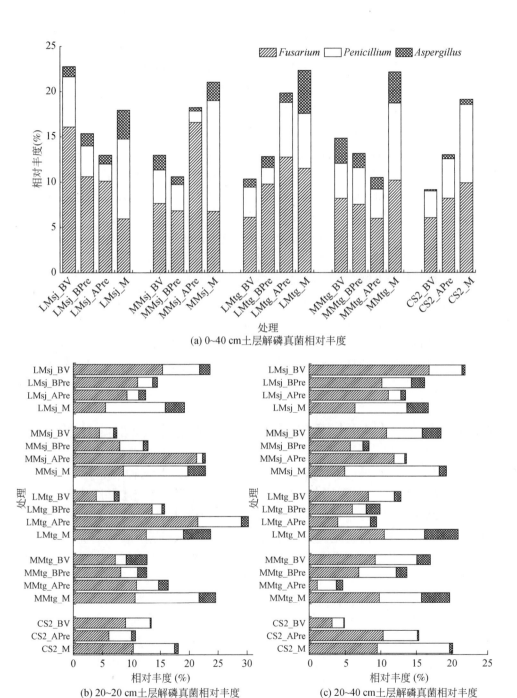

(a) 0~40 cm土层解磷真菌相对丰度

(b) 20~20 cm土层解磷真菌相对丰度

(c) 20~40 cm土层解磷真菌相对丰度

图 8-3　旱涝急转下（中涝）土壤解磷真菌相对丰度

对丰度略小。中涝等级的旱涝急转处理中，干旱程度越大，旱涝急转后，幼苗—拔节期解磷真菌相对丰度越大，幼苗—拔节期相对丰度越小。与基底值相比，除抽雄—灌浆期轻旱—中涝处理干旱阶段解磷真菌相对丰度减小外，其他旱涝急转处理相对丰度增大。与干旱阶段相比，旱涝急转后，幼苗—拔节期轻旱—中涝处理和抽雄—灌浆期中旱—中涝处理解磷真菌总相对丰度减小，幼苗—拔节期中旱—中涝和抽雄—灌浆期轻旱—中涝处理相对丰度增大。成熟期，各处理的解磷真菌相对丰度整体较基底值增大。0～20 cm 和 20～40 cm 土层中解磷真菌旱涝急转前后的变化规律与 0～40 cm 土层大体相似；0～20 cm 土层解磷真菌的相对丰度较 20～40 cm 土层大。由此可知，解磷真菌相对丰度随着土层深度加深减少；旱涝急转对土壤中解磷真菌会产生一定影响，干旱时间越长，旱涝急转后，抽雄—灌浆期土壤中解磷真菌相对丰度越小，幼苗—拔节期相反，说明解磷真菌在抽雄—灌浆期对土壤水分要求更高，幼苗—拔节期一定程度的干旱加深后强降雨反而有利于土壤磷素转化。

结合土壤真菌的 LEfSe 多级物种差异判别图（图 6-12）分析得出，旱涝急转发生后对表层土壤中解磷真菌 *Penicillium* 属有显著影响。旱涝急转后，大多旱涝急转处理 *Penicillium* 相对丰度均低于对照组。由此推断，旱涝急转促使土壤水分剧烈变化，会对解磷真菌产生一定的影响，尤其是 *Penicillium*，进而较大地影响表层土壤中磷素代谢与循环。

8.1.3　旱涝急转对土壤与磷代谢相关的宏基因组测序的影响

试验期间，分别采集了幼苗—拔节期和抽雄—灌浆期两种旱涝急转情景（中涝等级）以及对照组成熟期的 0～20 cm 土层共 15 个样品进行宏基因组测序分析。

京都基因与基因组百科全书（Kyoto Encyclopedia of Genes and Genomes，KEGG）从分子水平信息尤其是大型分子数据集生成的基因组测序和其他高通量试验技术的实用程序数据库资源，是了解高级功能和生物系统的国际最常用的生物信息数据库之一。本书主要研究旱涝急转对磷素迁移转化的影响，因此重点关注与磷代谢相关的功能基因。通过 KEGG 官网筛选出与土壤和作物磷代谢相关的是 KEGG Pathway Level 3 的 ko00440（Phosphonate and phosphinate metabolism，膦酸酯和次膦酸酯代谢），与本书试验样品比对后和磷代谢相关的功能基因在直系同源分类系统（KEGG Orthology，简称 KO）中主要有 15 类，具体同源基因编号、功能描述和 EC 编号见表 8-2。

为了更直观地了解旱涝急转发生具体对哪些功能基因有显著影响，各处理 0～20 cm 土壤微生物在 KO 类别的 Kruskal-Wallis 秩和检验图详见图 8-4。有显著性差异的 KO 水平功能基因主要是 K21195。

表 8-2　夏玉米 – 砂礓黑土组合中土壤微生物与磷代谢相关的 KEGG 功能基因

KO	功能描述	EC
K01841	phosphoenolpyruvate phosphomutase （磷酸烯醇丙酮酸磷酸突变酶）	5.4.2.9
K03430	2-aminoethylphosphonate-pyruvate transaminase （2- 氨基乙基膦酸酯 - 丙酮酸转氨酶）	2.6.1.37
K03823	phosphinothricin acetyltransferase （膦丝菌素乙酰转移酶）	2.3.1.183
K05306	phosphonoacetaldehyde hydrolase （膦酰基乙醛水解酶）	3.11.1.1
K06162	alpha-D-ribose 1-methylphosphonate 5-triphosphate diphosphatase （α-D- 核糖 1- 甲基膦酸酯 5- 三磷酸二磷酸酶）	3.6.1.63
K06163	alpha-D-ribose 1-methylphosphonate 5-phosphate C-P lyase （α -D- 核糖 1- 甲基膦酸酯 5- 磷酸 C-P 裂解酶）	4.7.1.1
K06164	alpha-D-ribose 1-methylphosphonate 5-triphosphate synthase subunit PhnI （α -D- 核糖 1- 甲基膦酸酯 5- 三磷酸合酶亚基 PhnI）	2.7.8.37
K06165	alpha-D-ribose 1-methylphosphonate 5-triphosphate synthase subunit PhnH（α -D- 核糖 1- 甲基膦酸酯 5- 三磷酸合酶亚基 PhnH）	2.7.8.37
K06166	alpha-D-ribose 1-methylphosphonate 5-triphosphate synthase subunit PhnG（α -D- 核糖 1- 甲基膦酸酯 5- 三磷酸合酶亚基 PhnG）	2.7.8.37
K06167	phosphoribosyl 1，2-cyclic phosphate phosphodiesterase （磷酸核糖基 1，2- 环磷酸磷酸二酯酶）	3.1.4.55
K09459	phosphonopyruvate decarboxylase （膦酰基丙酮酸脱羧酶）	4.1.1.82
K12909	carboxyvinyl-carboxyphosphonate phosphorylmutase （羧基乙烯基 - 羧基膦酸酯磷酸化变位酶）	2.7.8.23
K19670	phosphonoacetate hydrolase （膦酰基乙酸酯水解酶）	3.11.1.2
K21195	2-aminoethylphosphonate dioxygenase （2- 氨基乙基膦酸酯双加氧酶）	1.14.11.46
K21196	2-amino-1-hydroxyethylphosphonate dioxygenase（glycine-forming）（2- 氨基 -1- 羟乙基膦酸酯双加氧酶（形成甘氨酸））	1.13.11.78

　　结合与磷代谢有关的功能基因差异性分析，可得出旱涝急转下（中涝）磷代谢通路差异图（图 8-5）。图中有颜色的是本书试验样品中检测出的与磷代谢有关的 15 类功能基因，颜色代表各 KO 的相对丰度大小。本书分析结果表明旱涝急转主要对功能基因 K21195 有较明显的影响，其对应 EC 编码是 1.14.11.46，功

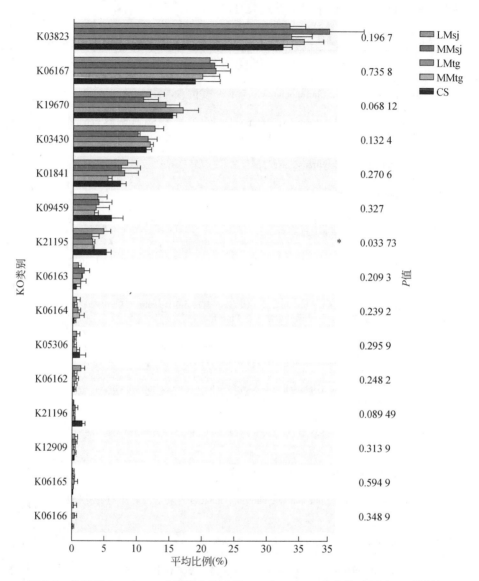

图 8-4　各处理 0 ～ 20 cm 土壤微生物功能 Kruskal-Wallis 秩和检验图（KO 类别）

*，$p < 0.05$

能是 2- 氨基乙基膦酸酯双加氧酶。K21195 主要影响甘氨酸、丝氨酸和苏氨酸以及脂磷酸聚糖的合成。甘氨酸、丝氨酸和苏氨酸会影响蛋白质的合成，脂磷酸聚糖主要通过糖基磷脂酰肌醇固着于细胞膜上，为多功能毒性决定簇。可见旱涝急转的发生会影响蛋白质合成并可能对微生物细胞产生一定毒性。

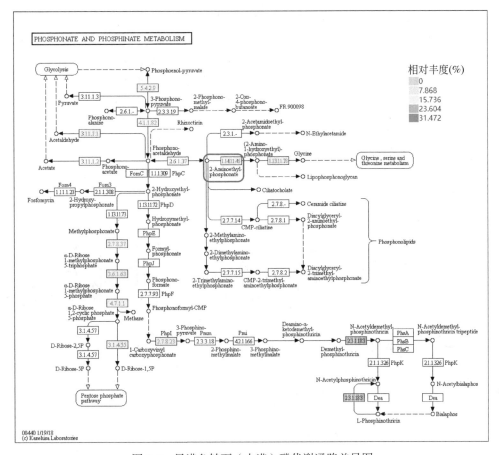

图 8-5　旱涝急转下（中涝）磷代谢通路差异图

图中有颜色的是试验样品中检测出的与磷代谢相关的 KEGG 功能基因（KO 类别），颜色代表各相对丰度大小，红色框中是旱涝急转后有显著变化的功能基因 K21195 对应功能和 EC 编号

8.2　旱涝急转对土壤磷素的影响

试验期间，分别采集并检测了幼苗—拔节期和抽雄—灌浆期四种旱涝急转情景及对照组基底值、降雨前、降雨后和成熟期的 0 ～ 20 cm 和 20 ～ 40 cm 土层共 186 个样品的速效磷和总磷含量。

8.2.1　旱涝急转对土壤速效磷的影响

试验期间，通过对比图 8-6（a）中蓝色柱图可知，与对照组相比，旱涝急转后，0 ～ 40 cm 层土壤的速效磷含量平均低 23.22 mg/kg（降幅为 46%）；分析土壤速效磷基底值发现，旱涝急转处理组 0 ~ 40 cm 层土壤速效磷含量的基底值较对照组基底值平均低 26.44 mg/kg，总的来说，旱涝急转发生较对照组土壤速效磷略有增加（增幅为 11%）。旱涝急转中干旱程度越大，土壤中速效磷含量越大；旱涝急转发生在抽雄—灌浆期的土壤速效磷含量较幼苗—拔节期大。0 ~ 20 cm 和 20 ~ 40 cm 土层有类似规律 [图 8-6（b）]，旱涝急转发生后 0 ~ 20 cm 层土壤的速效磷含量平均低 20.69 mg/kg（降幅为 44%），20 ~ 40 cm 层土壤的速效磷含量平均低 25.74 mg/kg（降幅为 47%）。相比较而言，20 ~ 40 cm 土壤速效磷含量变化更剧烈。

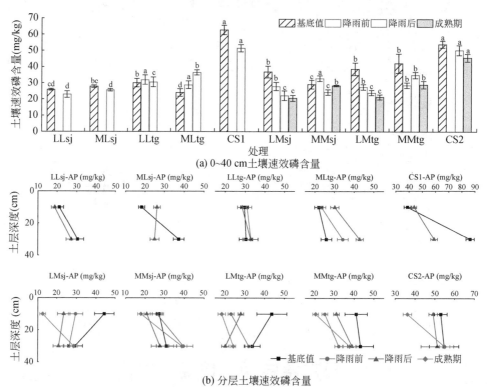

(a) 0~40 cm 土壤速效磷含量

(b) 分层土壤速效磷含量

图 8-6　旱涝急转下土壤速效磷含量变化

与基底值相比，旱涝急转后（降雨后），除抽雄—灌浆期轻涝处理土壤速效磷增加 6.50 mg/kg（增幅为 24%），其他处理土壤速效磷均减少。幼苗—拔节期处理平均减少 6.17 mg/kg（降幅为 21%），抽雄—灌浆期中涝处理平均减少 10.95 mg/kg（降幅为 33%），幼苗—拔节期轻旱—轻涝处理减少 2.88 mg/kg（降幅为 11%），幼苗—拔节期中旱—轻涝处理平均减少 2.22 mg/kg（降幅为 8%），轻旱—中涝处理平均减少 14.69 mg/kg（降幅为 39%），中旱—中涝处理平均减少 6.06 mg/kg（降幅为 17%），对照组土壤速效磷减少 7.42 mg/kg（降幅为 13%）。总体来看，旱涝急转发生在幼苗—拔节期对土壤速效磷减少幅度小于抽雄—灌浆期；洪涝等级相同时，干旱程度越大，土壤速效磷减少幅度越小（即土壤速效磷含量相对较大）；干旱等级相同时，洪涝程度越大，土壤速效磷减少幅度越大（即土壤速效磷含量相对较小）。

与基底值相比，旱涝急转干旱阶段结束后（降雨前），除抽雄—灌浆期轻涝处理土壤速效磷增加 3.37 mg/kg（增幅为 12%），其他处理土壤速效磷均减少。幼苗—拔节期处理平均减少 2.63 mg/kg（降幅为 8%），抽雄—灌浆期中涝处理平均减少 12.37 mg/kg（降幅为 31%），轻旱—中涝处理平均减少 10.07 mg/kg（降幅为 27%），中旱—中涝处理平均减少 4.93 mg/kg（降幅为 11%）。

与旱涝急转干旱阶段结束后（降雨前）相比，旱涝急转后（降雨后），幼苗—拔节期中涝处理平均减少 7.15 mg/kg（降幅为 24%），抽雄—灌浆期轻旱处理平均减少 2.44 mg/kg（降幅为 8%），抽雄—灌浆期中旱处理平均增加 6.98 mg/kg（增幅为 24%）。其中，幼苗—拔节期轻旱—中涝处理减少 5.75 mg/kg（降幅为 21%），幼苗—拔节期中旱—中涝处理减少 8.56 mg/kg（降幅为 26%）；抽雄—灌浆期轻旱—轻涝处理减少 1.40 mg/kg（降幅为 4%），抽雄—灌浆期中旱—轻涝处理增加 7.66 mg/kg（增幅为 27%），抽雄—灌浆期轻旱—中涝处理减少 3.48 mg/kg（降幅为 13%），抽雄—灌浆期中旱—中涝处理增加 6.30 mg/kg（增幅为 22%）。总的来说，洪涝等级相同时，中旱处理较轻旱处理降雨后土壤速效磷增幅更大；干旱等级相同时，中涝处理较轻涝处理降雨后土壤速效磷降幅越大。

与基底值相比，成熟期土壤速效磷均减少，幼苗—拔节期处理平均减少 8.55 mg/kg（降幅为 26%），抽雄—灌浆期处理平均减少 15.26 mg/kg（降幅为 38%），轻旱—中涝处理平均减少 16.85 mg/kg（降幅为 45%），中旱—中涝处理平均减少 6.96 mg/kg（降幅为 20%），对照组减少 8.31 mg/kg（降幅为 15%）。

土壤中能被作物能吸收利用的磷是速效磷，而速效磷大多是水溶性的。通过文献阅读可知，干旱使土壤中速效磷增加（Delgado-Baquerizo et al.，2013；Maranguit et al.，2017），干旱使土壤速效磷增加的主要原因有土壤大团聚体破裂促使土壤有机质降解（Birch and Friend，1961；Turner and Haygarth，2003）、微生物细胞死亡导致可溶性磷释放（Blackwell et al.，2009；Dijkstra et al.，2015）以及土壤物理风化（Marschner et al.，2011）；一定程度的洪涝能使土壤速效磷增加是因为土壤孔隙度增大（Merten et al.，2016；Guillaume et al.，2016）、土壤 pH 增加（Zhang et al.，2003；Chacon et al.，2005）、土壤有机质矿化过程加剧（Mclatchey and Reddy，1998）以及微生物活动释放磷（Quintero et al.，2007；Unger et al.，2009）。试验结果分析得出，旱涝急转发生在幼苗—拔节期土壤速效磷含量较抽雄—灌浆期小，与基底值相比降幅大，这与 9.1 节中土壤解磷细菌和解磷真菌相对丰度在抽雄—灌浆期整体较幼苗—拔节期高有关，同时幼苗—拔节期适度的旱涝急转能促进根系对磷素的吸收。中旱旱涝急转处理的土壤速效磷含量较轻旱旱涝急转处理大，这与第 5 章分析结果相吻合，即旱涝急转发生后土壤孔隙度增大、pH 升高并且土壤有机质含量减少，且干旱程度越大，增加越明显，相应土壤有效磷含量增加越多；同时也与第 9 章中解磷微生物的分析结果相吻合，即旱涝急转发生后能促进表层土壤中解磷细菌增加，磷素分解转化，且干旱程度越大，旱涝急转后磷素转化效率越高，解磷真菌在幼苗—拔节期也有类似规律。与对照组相比，夏玉米生长季发生旱涝急转后土壤中速效磷减少较明显，这与作物吸收变多及随径流流失增加有关。

8.2.2 旱涝急转对土壤全磷的影响

通过对比图 8-7（a）中蓝色柱图可知，与对照组相比，旱涝急转发生后 0 ～ 40 cm 层土壤的全磷含量平均低 0.012%（降幅为 22%），这与土壤全磷基底值有一定的关系，0 ～ 40 cm 层土壤的全磷含量的基底值旱涝急转处理组较对照组平均低 0.009%；整体来看，旱涝急转发生较对照组土壤全磷含量略有降低（降幅为 7%）。旱涝急转中干旱程度越大，土壤中全磷含量越大；旱涝急转发生在抽雄—灌浆期的土壤全磷含量较幼苗—拔节期大。0 ～ 20 cm 和 20 ～ 40 cm 土层有类似规律 [图 8-7（b）]，旱涝急转发生后 0 ～ 20 cm 层土壤的全磷含量平均低 0.011%（降幅为 21%），20 ～ 40 cm 层土壤的全磷含量平均低 0.014%（降幅为 24%），相比较而言，20 ～ 40 cm 土壤全磷含量变化更剧烈。

与基底值相比，旱涝急转后（降雨后）土壤全磷均减少，幼苗—拔节期处理平均减少 0.006%（降幅为 13%），抽雄—灌浆期处理平均减少 0.003%（降幅为 7%），轻旱—轻涝处理平均减少 0.003%（降幅为 7%），中旱—轻涝处理平均减少 0.002%（降幅为 4%），轻旱—中涝处理平均减少 0.008%（降幅为 17%），中旱—中涝处理平均减少 0.005%（降幅为 10%），对照组土壤全磷减少 0.002%（降幅为 3%）。总体来看，旱涝急转发生在幼苗—拔节期对土壤全磷减少幅度大于抽雄—灌浆期；干旱等级相同时，洪涝程度越大，土壤全磷减少幅度越大；洪涝等级相同时，干旱程度越大，土壤全磷减少幅度越小。

与基底值相比，旱涝急转干旱阶段结束后（降雨前）土壤全磷均减少，幼苗—拔节期轻旱—轻涝处理平均减少 0.002%（降幅为 5%），抽雄—灌浆期处理平均减少 0.006%（降幅为 12%），轻旱—轻涝处理平均减少 0.002%（降幅为 4%），中旱—轻涝处理平均减少 0.002%（降幅为 5%），轻旱—中涝处理平均减少 0.006%（降幅为 13%），中旱—中涝处理平均减少 0.006%（降幅为 11%）。

与旱涝急转干旱阶段结束后（降雨前）相比，旱涝急转后（降雨后），幼

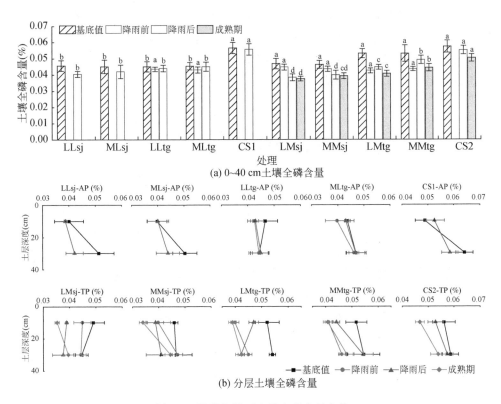

(a) 0~40 cm土壤全磷含量

(b) 分层土壤全磷含量

图 8-7　旱涝急转下土壤全磷含量变化

苗—拔节期处理平均减少 0.005%（降幅为 11%），抽雄—灌浆期处理平均增加 0.003%（增幅为 6%）。其中，幼苗—拔节期轻旱—中涝处理减少 0.006%（降幅为 14%），幼苗—拔节期中旱—中涝处理减少 0.004%（降幅为 8%）；抽雄—灌浆期轻旱—轻涝处理增加 0.001%（增幅为 1%），抽雄—灌浆期中旱—轻涝处理增加 0.002%（增幅为 5%），抽雄—灌浆期轻旱—中涝处理增加 0.002%（增幅为 5%），抽雄—灌浆期中旱—中涝处理增加 0.006%（增幅为 13%）。抽雄—灌浆期处理降雨后较降雨前有所增加，但各处理全磷含量均低于基底值。

与基底值相比，成熟期土壤全磷均减少，幼苗—拔节期处理平均减少 0.008%（降幅为 18%），抽雄—灌浆期处理平均减少 0.011%（降幅为 20%），轻旱—中涝处理平均减少 0.011%（降幅为 22%），中旱—中涝处理平均减少 0.008%（降幅 16%），对照组减少 0.007%（降幅为 12%）。

土壤全磷含量变化主要与作物吸收利用、地表径流流失和地下水淋溶作用相关。结果分析得出，旱涝急转发生在幼苗—拔节期土壤全磷的含量较抽雄—灌浆期小，与基底值相比减少幅度大，这主要是因为幼苗—拔节期玉米正处于生长阶段，叶面积大小、根系数量、茎粗均较小，冠层截留较弱，降雨后土壤中全磷流失量较大；且幼苗—拔节期适度的旱涝急转能促进根系加速吸收土壤中的速效磷，土壤中全磷含量也随之减小。与对照组相比，夏玉米生长季发生旱涝急转后土壤中全磷含量变化更为明显，土壤肥力下降较多，且可能对地表和地下水环境造成极大的污染。

8.2.3　旱涝急转对土壤速效磷占比的影响

试验期间，通过对比图 8-8 和图 8-6 可知，旱涝急转下土壤速效磷占比与土壤速效磷含量整体变化趋势相同。对比图 8-8（a）中蓝色柱图可知，与对照组相比，旱涝急转发生后 0 ～ 40 cm 层土壤速效磷占比平均低 3%（降幅为 30%）；分析土壤速效磷占比的基底值可知，旱涝急转处理组 0 ～ 40 cm 层土壤速效磷占比的基底值较对照组平均低 4%；总体来看，旱涝急转发生较对照组土壤速效磷占比变大（增幅为 15%）。旱涝急转中干旱程度越大，土壤中速效磷占比越大；旱涝急转发生在抽雄—灌浆期的土壤速效磷占比较幼苗—拔节期大。0 ～ 20 cm 和 20 ～ 40 cm 土层有类似规律 [图 8-8（b）]，旱涝急转发生后 0 ～ 20 cm 层土

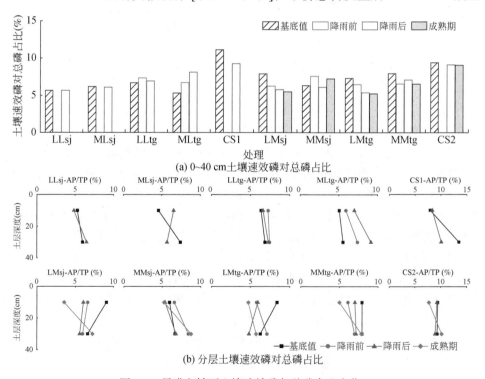

(a) 0~40 cm 土壤速效磷对总磷占比

(b) 分层土壤速效磷对总磷占比

图 8-8　旱涝急转下土壤速效磷与总磷占比变化

壤速效磷占比平均低3%（降幅为30%），20～40 cm层土壤速效磷占比平均低3%（降幅为31%）。

与基底值相比，旱涝急转后（降雨后），除抽雄—灌浆期轻涝处理土壤速效磷占比增加1.54%（增幅为26%），其他处理土壤速效磷占比均减少，幼苗—拔节期轻涝处理土壤速效磷占比减少0.03%（降幅为1%），中涝处理土壤速效磷占比减少1.26%（降幅为17%），对照组土壤速效磷占比减少1.06%（降幅为10%）。整体而言，幼苗—拔节期比抽雄—灌浆期变化显著。

土壤速效磷占比变化主要与土壤中速效磷与无效磷的动态转化有关（廖菁菁，2007）。试验结果分析可知，同等洪涝条件下，干旱程度越大，表层土壤中速效磷占比越大，这与长时间干旱能促进磷素向速效磷转化有关（Delgado-Baquerizo et al., 2013），同时，也因长时间干旱会抑制作物对磷素的吸收（He and Dijkstra, 2014）；同等干旱条件下，洪涝程度越大，表层土壤中速效磷减少越多，这与洪涝会促进作物对磷素的吸收有关（Vourlitis et al., 2017），同时，降雨时间长冲刷作用大带走的泥沙量较大，而泥沙吸附的颗粒态磷占比相对较大（钱婧，2015），下渗作用带走的磷素中水溶性磷素占据重要比例（Yang et al., 2007）。

8.3 旱涝急转对夏玉米各器官磷素的影响

试验期间，分别采集并检测了幼苗—拔节期和抽雄—灌浆期四种旱涝急转情景及对照组成熟期夏玉米各器官共120个样品的生物量和磷素含量，同时检测了幼苗—拔节期和抽雄—灌浆期中涝处理（轻旱—中涝处理和中旱—中涝处理）及对照组降雨前和降雨后各器官共144个样品的生物量和磷素含量。

8.3.1 旱涝急转对夏玉米各器官磷素含量的影响

通过对比中涝处理下夏玉米各器官中磷素含量可知 [图8-9（a1）～（a4）]，幼苗—拔节期发生旱涝急转后根中磷素含量比对照组低，茎和叶中磷素含量比对照组略高；抽雄—灌浆期发生旱涝急转后各器官中磷素含量均比对照组高。与对照组相比，旱涝急转后（APre），幼苗—拔节期轻旱—中涝处理根中磷素含量低1195.4 mg/kg（降幅为44%），茎中磷素含量高110.4 mg/kg（增幅为4%），叶中磷含量高145.5 mg/kg（增幅为4%）；幼苗—拔节期中旱—中涝处理根中磷素含量低622.5 mg/kg（降幅为24%），茎中磷素含量高110.2 mg/kg（增幅为5%），叶中磷素含量高169.8 mg/kg（增幅为4%）；抽雄—灌浆期轻旱—中涝处理根中磷素含量高220.2 mg/kg（增幅为11%），茎中磷素含量高858.8 mg/kg（增幅为53%），叶中磷素含量高460.4 mg/kg（增幅为12%）；抽雄—灌浆期中旱—中涝处理根中磷素含量高 58.8 mg/kg（增幅为 3%），茎中磷素含量高 741.3 mg/kg（增幅为 46%），叶中磷素含量高 1079.4 mg/kg（增幅为 29%）。

与对照组相比，旱涝急转中干旱阶段结束后（BPre），幼苗—拔节期轻旱—中涝处理根中磷素含量高 259.2 mg/kg（增幅为 10%），茎中磷素含量高 38.7 mg/kg（增幅为 1%），叶中磷素含量低 406.1 mg/kg（降幅为 10%）；幼苗—拔节期中旱—中涝处理根中磷素含量低 113.0 mg/kg（降幅为 4%），茎中磷素含量高 678.7 mg/kg（增幅为 21%），叶中磷素含量高 504.7 mg/kg（增幅为 13%）；抽雄—灌浆期轻旱—中涝处理根中磷素含量低 180.3 mg/kg（降幅为 8%），茎中磷素含量高 491.4 mg/kg（增幅为 27%），叶中磷素含量低 98.6 mg/kg（降幅为 2%）；抽雄—灌浆期中旱—中涝处理根中磷素含量低 620.3 mg/kg（降幅为 28%），茎中磷素含量高 548.4 mg/kg（增幅为 30%），叶中磷素含量高 540.6 mg/kg（增幅

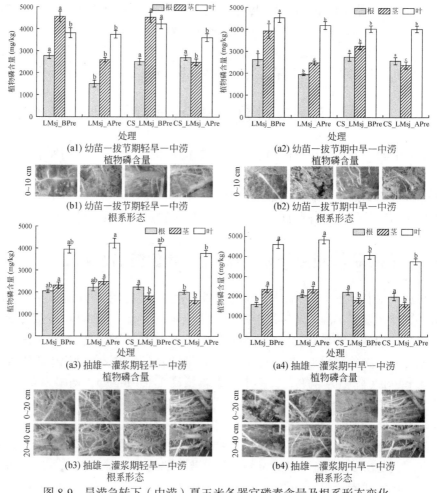

图 8-9　旱涝急转下（中涝）夏玉米各器官磷素含量及根系形态变化

为 13%）。总体而言，轻旱造成茎中磷素含量增加，叶中磷素含量减少，幼苗—拔节期根中磷素含量增加、抽雄—灌浆期根中磷素含量减少；中旱造成根中磷素含量减少，茎和叶中磷素含量增加。

旱涝急转前后对比可知，较干旱阶段，旱涝急转后幼苗—拔节期轻旱—中涝处理根、茎和叶中磷素含量分别低 1271.9 mg/kg、1967.7 mg/kg 和 68.4 mg/kg（降幅为 46%、43% 和 2%）；幼苗—拔节期中旱—中涝处理根、茎和叶中磷素含量分别低 679.5 mg/kg、1437.9 mg/kg 和 342.7 mg/kg（降幅为 26%、37% 和 8%）；抽雄—灌浆期轻旱—中涝处理根中磷素含量高 171.9 mg/kg（增幅为 8%），茎中磷素含量高 161.2 mg/kg（增幅为 7%），叶中磷含量高 280.9 mg/kg（降幅为 7%）；抽雄—灌浆期中旱—中涝处理根中磷素含量高 449.1 mg/kg（增幅为 28%），茎中磷素含量低 7.1 mg/kg（降幅为 0.3%），叶中磷素含量高 228.8 mg/kg（增幅为 5%）。整体而言，幼苗—拔节期旱涝急转降雨后各器官磷素含量较降雨前减少，且轻旱较中旱减少幅度大；抽雄—灌浆期各器官磷素含量大多增加，且中旱较轻旱根系磷素含量增幅较大。

通过对比中涝处理下夏玉米根系生长状态可知 [图 8-9（b1）～（b4）]，发生旱涝急转前后，夏玉米根系较对照组均偏少且粗根占比明显偏低。中旱处理较轻旱处理下的根系均减少，对比中旱与轻旱处理旱涝急转后根中磷素含量可知，中旱处理较轻旱处理磷素含量幼苗—拔节期低 151.4 mg/kg[降幅为 6%]，抽雄—灌浆期低 448.7 mg/kg（降幅为 22%），这与根系数量减少相对应，说明干旱程度越大，对根系生长越不利，进而根系磷素吸收也受到一定影响。

通过对比成熟期夏玉米各器官中磷素含量可知 [图 8-10（a）]，轻涝处理较对照组各器官中磷素含量整体偏高，中涝处理较对照组根和茎中磷素含量整体偏低，叶和果中磷素含量整体偏高。具体来看，与对照组相比，幼苗—拔节期轻旱—轻涝处理成熟期根、茎、叶和果中磷素含量分别高 851.1 mg/kg、286.3 mg/kg、415.9 mg/kg 和 –159.5 mg/kg（增幅分别为 90%、23%、13% 和 6%）；幼苗—拔节期中旱—轻涝处理成熟期根、茎、叶和果中磷素含量分别高 1349.3 mg/kg、601.7 mg/kg、521.3 mg/kg 和 437.4 mg/kg（增幅分别为 143%、49%、16% 和 15%）；抽雄—灌浆期轻旱—轻涝处理成熟期根、茎、叶和果中磷素含量分别高 628.8 mg/kg、253.7 mg/kg、360.2 mg/kg 和 284.6 mg/kg（增幅分别为 67%、21%、11% 和 10%）；抽雄—灌浆期中旱—轻涝处理成熟期根、茎、叶和果中磷素含量分别高 1235.1 mg/kg、37.6 mg/kg、–263.1 mg/kg 和 318.4 mg/kg（增幅分别为 131%、3%、–8% 和 11%）；幼苗—拔节期轻旱—中涝处理成熟期根、茎、叶和果中磷素含量分别低 941.0 mg/kg、598.3 mg/kg、–2.8 mg/kg 和 469.1 mg/kg（降幅分别为 54%、57%、–0.1% 和 17%）；幼苗—拔节期中旱—中涝处理成熟期根、茎、叶和果中磷素含量分别低 881.3 mg/kg、628.2 mg/kg、320.7 mg/kg 和 299.2 mg/kg（降幅分别为 50%、60%、12% 和 11%）；抽雄—灌浆期轻旱—轻涝处理成熟期根、茎、叶和果中磷素含量分别低 903.2 mg/kg、288.4 mg/kg、–568.1 mg/kg 和 –409.6 mg/kg（降幅分别为 52%、28%、–21% 和 –15%）；抽雄—灌浆期中旱—轻涝处理成熟期根、茎、叶和果中磷素含量分别低 330.1 mg/kg、–75.9 mg/kg、–738.9 mg/kg 和 –60.7 mg/kg（降幅分别为 19%、–7%、–28% 和 –2%）。整体而言，相同洪涝等级下，随着干旱程度加深，各器官中磷素含量增大；轻涝处理较中涝处理成熟期夏玉米各器官磷素含量偏高，轻涝处理发生在幼苗—拔节期较抽雄—灌浆期成熟期夏玉米各器官中磷素含量偏高，中涝处理相反。

通过对比成熟期各处理夏玉米根系生长状态可知 [图 8-10（b）]，发生旱涝急转后，成熟期夏玉米根系较对照组均减少且粗根占比明显偏低。中涝处理较轻涝处理成熟期根系均偏多，中旱—轻涝处理较轻旱—轻涝处理成熟期根系偏少，而中旱—中涝处理较轻旱—中涝处理成熟期根系偏多。对比各旱涝急转处理成熟期磷素含量可知，各器官磷素含量与根系数量有一定的相关性。整体而言，根系数量越多，磷素含量越大；干旱程度越大，根系数量减少越多，旱涝急转后各器官中磷素含量增大；洪涝程度越大，根系有所增加，但磷素含量减少。

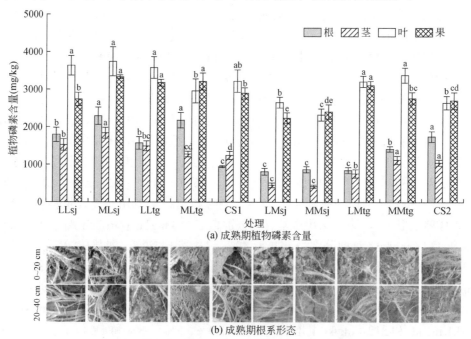

(a) 成熟期植物磷素含量

(b) 成熟期根系形态

图 8-10　旱涝急转后成熟期夏玉米各器官磷素含量及根系形态

8.3.2　旱涝急转对夏玉米各器官磷素吸收的影响

磷素吸收由夏玉米各器官中磷素含量与各器官干物质含量共同决定，第 7 章中介绍了旱涝急转各阶段夏玉米各器官干物质重量，结合式（4-3）及 8.3.1 节结果可计算磷素吸收。

通过对比中涝处理下夏玉米各器官磷素吸收可知（图 8-11），幼苗—拔节期和抽雄—灌浆期发生旱涝急转后各器官磷素吸收均较对照组低；旱涝急转处理降雨后夏玉米各器官磷素吸收较降雨前高，对照组在幼苗—拔节期有类似规律，抽雄—灌浆期降雨后茎和叶磷素吸收较降雨前低。

与对照组相比，旱涝急转后（APre），幼苗—拔节期轻旱—中涝处理根中磷素吸收低 39.3 mg/ 株（降幅为 88%），茎中磷素吸收低 65.1 mg/ 株（降幅为 68%），叶中磷素吸收低 92.5 mg/ 株（降幅为 60%）；幼苗—拔节期中旱—中涝处理根中磷素吸收低 27.2 mg/ 株（降幅为 75%），茎中磷素吸收低 74.1 mg/ 株（降幅为 59%），叶中磷素吸收低 109.0 mg/ 株（降幅为 53%）；抽雄—灌浆期轻旱—中涝处理根中磷素吸收低 127.7 mg/ 株（降幅为 87%），茎中磷素吸收低 36.4 mg/ 株（降幅为 25%），叶中磷素吸收低 122.2 mg/ 株（降幅为 48%）；抽雄—灌浆期中旱—中涝处理根中磷素吸收低 127.4 mg/ 株（降幅为 86%），茎中磷素吸收低 36.2 mg/ 株（降幅为 24%），叶中磷素吸收低 91.9 mg/ 株（降幅为 35%）。整体而言，中旱处理较轻旱处理磷素吸收降幅略低。

与对照组相比，旱涝急转中干旱阶段结束后（BPre），幼苗—拔节期轻旱—中涝处理根中磷素吸收低 8.5 mg/ 株（降幅为 81%），茎中磷素吸收低 66.1 mg/ 株

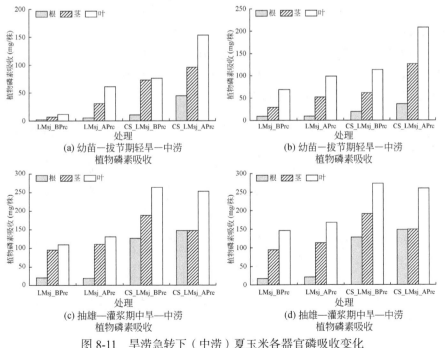

图 8-11　旱涝急转下（中涝）夏玉米各器官磷吸收变化

（降幅为91%），叶中磷素吸收低64.7 mg/株（降幅为85%）；幼苗—拔节期中旱—中涝处理根中磷素吸收低10.3 mg/株（降幅为53%），茎中磷素吸收低32.4 mg/株（降幅为53%），叶中磷素吸收低44.4 mg/株（降幅为39%）；抽雄—灌浆期轻旱—中涝处理根中磷素吸收低105.3 mg/株（降幅为83%），茎中磷素吸收低93.1 mg/株（降幅为49%），叶中磷素吸收低154.1 mg/株（降幅为59%）；抽雄—灌浆期中旱—中涝处理根中磷素吸收低111.0 mg/株（降幅为87%），茎中磷素吸收低96.6 mg/株（降幅为51%），叶中磷素吸收低126.9 mg/株（降幅为47%）。总体而言，幼苗—拔节期旱涝急转干旱程度越大，磷素吸收较对照组减少幅度越小；抽雄—灌浆期规律相反。

　　旱涝急转前后对比可知，较干旱阶段，旱涝急转后，幼苗—拔节期轻旱—中涝处理根中磷素吸收高3.3 mg/株（增幅为171%），茎中磷素吸收高24.0 mg/株（增幅为354%），叶中磷素吸收高49.5 mg/株（增幅为434%）；幼苗—拔节期中旱—中涝处理根中磷素吸收高0.1 mg/株（增幅为1%），茎中磷素吸收高22.8 mg/株（增幅为79%），叶中磷素吸收高30.1 mg/株（增幅为44%）；抽雄—灌浆期轻旱—中涝处理根中磷素吸收低1.6 mg/株（降幅为7%），茎中磷素吸收高15.4 mg/株（增幅为16%），叶中磷素吸收高21.3 mg/株（增幅为20%）；抽雄—灌浆期中旱—中涝处理根中磷素吸收高4.0 mg/株（增幅为23%），茎中磷素吸收高18.8 mg/株（增幅为20%），叶中磷素吸收高21.8 mg/株（增幅为15%）。整体而言，幼苗—拔节期旱涝急转干旱程度越大，旱涝急转后磷素吸收较干旱阶段增幅越小；抽雄—灌浆期规律相反。

　　通过对比成熟期夏玉米各器官中磷素吸收可知（图8-12），整体而言，旱涝急转处理较对照组各器官磷素吸收整体偏低。相同干旱等级下，随着洪涝程度加深，成熟期夏玉米各器官中磷素吸收减小。相同洪涝等级下，随着干旱程度加深，

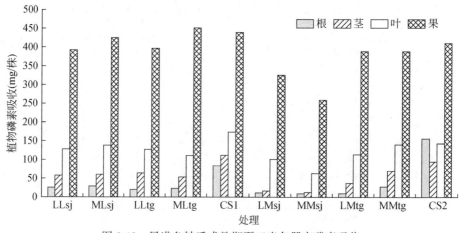

图8-12　旱涝急转后成熟期夏玉米各器官磷素吸收

幼苗—拔节期轻涝处理和抽雄—灌浆期中涝处理成熟期夏玉米各器官磷素吸收均增加；抽雄—灌浆期轻涝处理成熟期根和果磷素吸收增加，茎和叶磷素吸收减少；幼苗—拔节期中涝处理成熟期夏玉米各器官磷素吸收均减少。

　　具体来看，与对照组相比，幼苗—拔节期轻旱—轻涝处理成熟期根、茎、叶和果中磷素吸收分别低 57.9 mg/ 株、54.3 mg/ 株、45.7 mg/ 株和 –46.9 mg/ 株（降幅分别为 69%、49%、26% 和 11%）；幼苗—拔节期中旱—轻涝处理成熟期根、茎、叶和果中磷素吸收分别低 54.3 mg/ 株、51.7 mg/ 株、35.6 mg/ 株和 14.1 mg/ 株（降幅分别为 65%、46%、21% 和 3%）；抽雄—灌浆期轻旱—轻涝处理成熟期根、茎、叶和果中磷素吸收分别低 63.6 mg/ 株、47.7 mg/ 株、46.6 mg/ 株和 42.5 mg/ 株（降幅分别为 76%、43%、27% 和 10%）；抽雄—灌浆期中旱—轻涝处理成熟期根、茎、叶和果中磷素吸收分别低 60.6 mg/ 株、58.4 mg/ 株、62.8 mg/ 株和 –11.9 mg/ 株（降幅分别为 72%、52%、36% 和 –3%）；幼苗—拔节期轻旱—中涝处理成熟期根、茎、叶和果中磷素吸收分别低 144.2 mg/ 株、77.5 mg/ 株、41.7 mg/ 株和 85.0 mg/ 株（降幅分别为 93%、82%、29% 和 21%）；幼苗—拔节期中旱—中涝处理成熟期根、茎、叶和果中磷素吸收分别低 146.5 mg/ 株、81.6 mg/ 株、79.6 mg/ 株和 151.5 mg/ 株（降幅分别为 94%、61%、20% 和 5%）；抽雄—灌浆期轻旱—中涝处理成熟期根、茎、叶和果中磷素吸收分别低 145.9 mg/ 株、57.3 mg/ 株、28.8 mg/ 株和 21.9 mg/ 株（降幅分别为 94%、61%、20% 和 5%）；抽雄—灌浆期中旱—中涝处理成熟期根、茎、叶和果中磷素吸收分别低 127.9 mg/ 株、24.3 mg/ 株、2.3 mg/ 株和 21.9 mg/ 株（降幅分别为 82%、26%、2% 和 5%）。

　　已有研究表明，长时间干旱抑制植物对磷素的吸收（Yue et al., 2018），而洪涝能促进植物对磷素的吸收（Vourlitis et al., 2017）。通过旱涝急转试验结果分析可知，旱涝急转对夏玉米磷素吸收不是单一的干旱和洪涝事件的叠加作用，其作用机理更复杂。中旱—中涝处理较轻旱—中涝处理旱涝急转后夏玉米各器官磷素吸收更大，抽雄—灌浆期对应处理成熟期有相同规律，而幼苗—拔节期对应处理成熟期有相反规律。轻涝处理成熟期不同生育期和不同干旱等级各器官磷素吸收规律与中涝处理相反，且整体较中涝处理大。幼苗—拔节期旱涝急转中干旱时间较长反而能促进后续夏玉米各器官对磷素的吸收，幼苗—拔节期旱涝急转中洪涝程度较大反而抑制后续夏玉米各器官对磷素的吸收。值得注意的是，抽雄—灌浆期轻涝处理下，随着干旱程度的加深，夏玉米茎和叶中的磷向根和果（籽粒）中转移。有文献指出，玉米生长后期，在低磷胁迫条件下，茎和叶中的磷素会向根和果中转移（佟屏亚和凌碧莹，1994；朱从桦，2016）。由此推断，轻涝处理下，中旱—轻涝旱涝急转后土壤中增加的速效磷不足以满足后续夏玉米生长的需求，因此，中旱—轻涝处理下的成熟期茎和叶中的磷素含量和磷素吸收均较轻旱—轻涝处理低。

8.4　旱涝急转对地表径流中磷素的影响

试验期间，分别采集并检测了幼苗—拔节期和抽雄—灌浆期四种旱涝急转情景及对照组处理旱涝急转/自然条件下场次降雨的共 30 个地表径流水样的总磷浓度和可溶性磷浓度，同时也加测了幼苗—拔节期和抽雄—灌浆期中涝等级处理（轻旱—中涝处理、中旱—中涝处理）的场次降雨过程中 5 个时间节点的共 60 个地表径流水样的总磷浓度和可溶性磷浓度。

8.4.1　旱涝急转对地表径流中总磷的影响

由图 8-13 可知，与对照组相比，幼苗—拔节期轻旱—轻涝处理、幼苗—拔节期中旱—轻涝处理、抽雄—灌浆期轻旱—轻涝处理、抽雄—灌浆期中旱—轻涝处理、幼苗—拔节期轻旱—中涝处理、幼苗—拔节期中旱—中涝处理、抽雄—灌浆期轻旱—中涝处理和抽雄—灌浆期中旱—中涝处理地表径流中总磷浓度分别减少 0.33 mg/L、0.35 mg/L、0.13 mg/L、0.16 mg/L、0.11 mg/L、0.07 mg/L、0.03 mg/L 和 0.16 mg/L（降幅分别为 76%、82%、31%、37%、58%、37%、14% 和 3%）。整体而言，相同洪涝等级下，旱涝急转处理地表径流中总磷浓度较对照组低（除抽雄—灌浆期中旱—中涝处理）；幼苗—拔节期旱涝急转处理地表径流中总磷浓

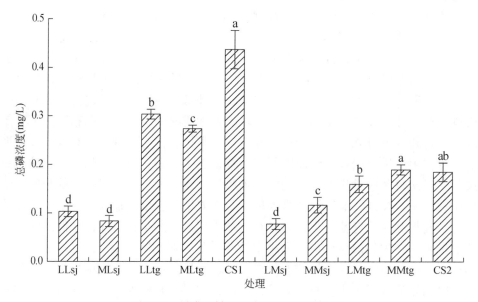

图 8-13　旱涝急转后地表径流中总磷浓度

度较抽雄—灌浆期低；中旱—轻涝处理较轻旱—轻涝处理地表径流中总磷浓度低，中旱—中涝处理较轻旱—中涝处理地表径流中总磷浓度高。

图 8-14 展示了旱涝急转（中涝）自产流至降雨结束过程中等时间间隔收集的地表径流中的总磷浓度变化。t2 与 t1 相比，幼苗—拔节期轻旱—中涝处理、幼苗—拔节期中旱—中涝处理、抽雄—灌浆期轻旱—中涝处理以及抽雄—灌浆期中旱—中涝处理地表径流中总磷浓度分别降低 0.045 mg/L、0.128 mg/L、0.006 mg/L 和 0.060 mg/L（降幅分别为 38%、54%、3% 和 22%）；t3 与 t2 相比，幼苗—拔节期轻旱—中涝处理、幼苗—拔节期中旱—中涝处理、抽雄—灌浆期轻旱—中涝处理以及抽雄—灌浆期中旱—中涝处理地表径流中总磷浓度分别降低 0.013 mg/L、0.016 mg/L、0.036 mg/L 和 0.028 mg/L（降幅分别为 17%，14%，19% 和 13%）；t4 与 t3 相比，幼苗—拔节期轻旱—中涝处理、幼苗—拔节期中旱—中涝处理、抽雄—灌浆期轻旱—中涝处理以及抽雄—灌浆期中旱—中涝处理地表径流中总磷浓度分别降低 0.003 mg/L、0.012 mg/L、0.028 mg/L 和 0.042 mg/L（降幅分别为 5%、13%、18% 和 23%）；t5 与 t4 相比，幼苗—拔节期轻旱—中涝处理、幼苗—拔节期中旱—中涝处理、抽雄—灌浆期轻旱—中涝处理以及抽雄—灌浆期中旱—中涝处理地表径流中总磷浓度分别降低 0.005 mg/L、–0.006 mg/L、0.018 mg/L 和 0.002 mg/L（降幅分别为 8%、–8%、15% 和 1%）。整体来看，降雨初期地表径流中总磷浓度最高，随着时间推移，总磷浓度递减，且递减速度渐慢，最终趋于平缓。

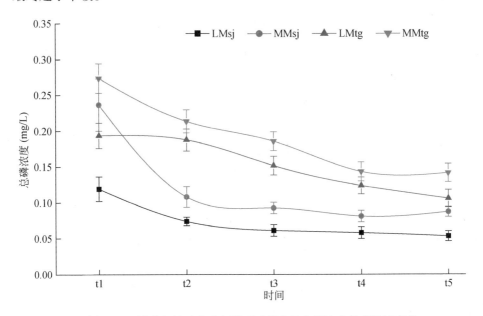

图 8-14 旱涝急转（中涝）降雨过程中地表径流中总磷浓度变化

8.4.2 旱涝急转对地表径流中可溶性磷的影响

由图 8-15 可知，与对照组相比，幼苗—拔节期轻旱—轻涝处理、幼苗—拔节期中旱—轻涝处理、抽雄—灌浆期轻旱—轻涝处理、抽雄—灌浆期中旱—轻涝处理、幼苗—拔节期轻旱—中涝处理、幼苗—拔节期中旱—中涝处理、抽雄—灌浆期轻旱—中涝处理和抽雄—灌浆期中旱—中涝处理地表径流中总磷浓度分别降低 0.10 mg/L、0.11 mg/L、0.04 mg/L、0.06 mg/L、0.07 mg/L、0.03 mg/L、0.01 mg/L 和 0.03 mg/L（降幅分别为 60%、70%、26%、40%、51%、22%、7% 和 26%）。整体而言，相同洪涝等级下，旱涝急转处理地表径流中可溶性磷浓度较对照组低（除抽雄—灌浆期中旱—中涝处理）；幼苗—拔节期旱涝急转处理地表径流中可溶性磷浓度较抽雄—灌浆期低；中旱—轻涝处理较轻旱—轻涝处理地表径流中可溶性磷浓度低，中旱—中涝处理较轻旱—中涝处理地表径流中可溶性磷浓度高。地表径流中可溶性磷浓度基本都大于 0.05 mg/L，而进入水体磷酸根态磷浓度达到 0.01 ~ 0.05 mg/L 就有加速水体富营养化的可能（Sims，1998；刘方和黄昌勇，2003），可见旱涝急转发生对水体造成一定的污染。

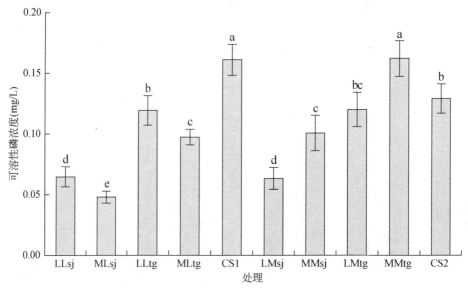

图 8-15　旱涝急转后地表径流中可溶性磷浓度

图 8-16 展示了旱涝急转（中涝）自产流至降雨结束过程中等时间间隔收集的地表径流中的可溶性磷浓度变化。t2 与 t1 相比，幼苗—拔节期轻旱—中涝处理、幼苗—拔节期中旱—中涝处理、抽雄—灌浆期轻旱—中涝处理和抽雄—灌浆期中

旱—中涝处理地表径流中可溶性磷浓度分别降低 0.039 mg/L、0.126 mg/L、0.017 mg/L 和 0.042 mg/L（降幅分别为 39%、57%、11% 和 19%）；t3 与 t2 相比，幼苗—拔节期轻旱—中涝处理、幼苗—拔节期中旱—中涝处理、抽雄—灌浆期轻旱—中涝处理和抽雄—灌浆期中旱—中涝处理地表径流中可溶性磷浓度分别降低 0.009 mg/L、0.018 mg/L、0.019 mg/L 和 0.044 mg/L（降幅分别为 15%、20%、14% 和 24%）；t4 与 t3 相比，幼苗—拔节期轻旱—中涝处理、幼苗—拔节期中旱—中涝处理、抽雄—灌浆期轻旱—中涝处理以及抽雄—灌浆期中旱—中涝处理地表径流中可溶性磷浓度分别降低 0.007 mg/L、0.006 mg/L、0.024 mg/L 和 0.010 mg/L（降幅分别为 14%、8%、20% 和 7%）；t5 与 t4 相比，幼苗—拔节期轻旱—中涝处理、幼苗—拔节期中旱—中涝处理、抽雄—灌浆期轻旱—中涝处理和抽雄—灌浆期中旱—中涝处理地表径流中可溶性磷浓度分别降低 -0.004 mg/L、-0.003 mg/L、0.022 mg/L 和 0.001 mg/L（降幅分别为 -9%、-5%、23% 和 11%）。整体来看，降雨初期地表径流中可溶性磷浓度最高，随着时间推移，可溶性磷浓度递减，且递减速度渐慢，最终趋于平缓。

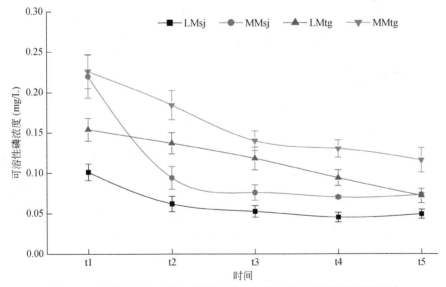

图 8-16 旱涝急转（中涝）降雨过程中地表径流中可溶性磷浓度变化

8.4.3 旱涝急转对地表径流中颗粒态磷的影响

由图 8-17 可知，与对照组相比，幼苗—拔节期轻旱—轻涝处理、幼苗—拔节期中旱—轻涝处理、抽雄—灌浆期轻旱—轻涝处理、抽雄—灌浆期中旱—轻涝处理、幼苗—拔节期轻旱—中涝处理、幼苗—拔节期中旱—中涝处理、抽雄—灌浆

期轻旱—中涝处理和抽雄—灌浆期中旱—中涝处理地表径流中总磷浓度分别减少
0.24 mg/L、0.24 mg/L、0.09 mg/L、0.10 mg/L、0.04 mg/L、0.04 mg/L、0.02 mg/L 和 0.03
mg/L（降幅分别为 86%、87%、33%、36%、74%、71%、29% 和 50%）。整体而言，
相同洪涝等级下，旱涝急转处理地表径流中颗粒态磷浓度较对照组低；幼苗—拔
节期旱涝急转处理地表径流中颗粒态磷浓度较抽雄—灌浆期低；中旱—轻涝处理
较轻旱—轻涝处理地表径流中颗粒态磷浓度低；幼苗—拔节期中旱—中涝处理较
轻旱—中涝处理地表径流中颗粒态磷浓度高，抽雄—灌浆期相反。

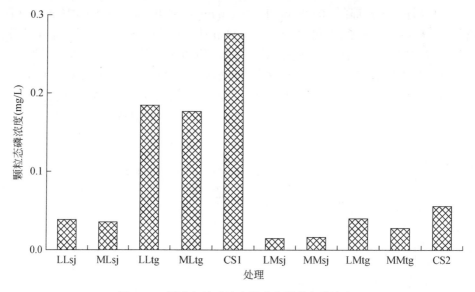

图 8-17　旱涝急转后地表径流中颗粒态磷浓度

　　图 8-18 展示了旱涝急转（中涝）自产流至降雨结束过程中等时间间隔收集
的地表径流中的颗粒态磷浓度变化。t2 与 t1 相比，幼苗—拔节期轻旱—中涝处理、
幼苗—拔节期中旱—中涝处理、抽雄—灌浆期轻旱—中涝处理和抽雄—灌浆期中
旱—中涝处理地表径流中颗粒态磷浓度分别降低 0.006 mg/L、0.003 mg/L、−0.011
mg/L 和 0.018 mg/L（降幅分别为 33%、15%、−28% 和 38%）；t3 与 t2 相比，幼苗—
拔节期轻旱—中涝处理、幼苗—拔节期中旱—中涝处理、抽雄—灌浆期轻旱—中
涝处理和抽雄—灌浆期中旱—中涝处理地表径流中颗粒态磷浓度分别降低 0.003
mg/L、−0.003 mg/L、0.017 mg/L 和 −0.016 mg/L（降幅分别为 28%、−18%、33%
和 −53%）；t4 与 t3 相比，幼苗—拔节期轻旱—中涝处理、幼苗—拔节期中旱—
中涝处理、抽雄—灌浆期轻旱—中涝处理和抽雄—灌浆期中旱—中涝处理地表径
流中颗粒态磷浓度分别降低 −0.004 mg/L、0.006 mg/L、0.004 mg/L 和 0.032 mg/L（降
幅分别为 −46%、35%、12% 和 70%）；t5 与 t4 相比，幼苗—拔节期轻旱—中涝

处理、幼苗—拔节期中旱—中涝处理、抽雄—灌浆期轻旱—中涝处理和抽雄—灌浆期中旱—中涝处理地表径流中颗粒态磷浓度分别降低 0.009 mg/L、–0.003 mg/L、–0.004 mg/L 和 0.012 mg/L（降幅分别为 68%、–27%、–23% 和 90%）。整体来看，降雨过程中地表径流中颗粒态磷浓度波动变化，幼苗—拔节期旱涝急转处理颗粒态磷浓度随着时间推移缓慢波动略下降，抽雄—灌浆期旱涝急转处理颗粒态磷浓度随着时间推移剧烈波动下降。

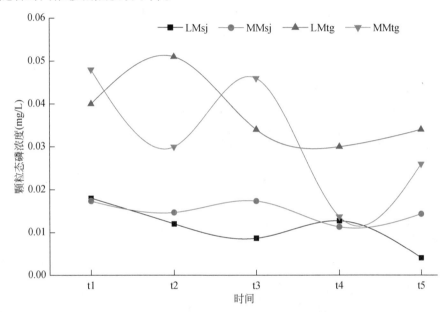

图 8-18　旱涝急转（中涝）降雨过程中地表径流中颗粒态磷浓度变化

8.4.4　旱涝急转下地表径流中各形态磷素占比

　　分析旱涝急转后地表径流中可溶性磷和颗粒态磷占比可知（图 8-19），与对照组相比，幼苗—拔节期轻旱—轻涝处理地表径流中可溶性磷和颗粒态磷占比分别增加 25.7% 和 –25.7%（增幅分别为 70% 和 –41%）；幼苗—拔节期中旱—轻涝处理地表径流中可溶性磷和颗粒态磷占比分别增加 20.5% 和 –20.5%（增幅分别为 56% 和 –33%）；抽雄—灌浆期轻旱—轻涝处理地表径流中可溶性磷和颗粒态磷占比分别增加 2.5% 和 –2.5%（增幅分别为 7% 和 –4%）；抽雄—灌浆期中旱—轻涝处理地表径流中可溶性磷和颗粒态磷占比分别增加 –1.3% 和 1.3%（增幅分别为 –4% 和 2%）；幼苗—拔节期轻旱—中涝处理地表径流中可溶性磷和颗粒态磷占比分别增加 11.5% 和 –11.5%（增幅分别为 16% 和 –38%）；幼苗—拔节期中旱—中涝处理地表径流中可溶性磷和颗粒态磷占比分别增加 16.3% 和 –16.3%

（增幅分别为 23% 和 –54%）；抽雄—灌浆期轻旱—中涝处理地表径流中可溶性磷和颗粒态磷占比分别增加 5.3% 和 –5.3%（增幅分别为 8% 和 –17%）；抽雄—灌浆期中旱—中涝处理地表径流中可溶性磷和颗粒态磷占比分别增加 15.5% 和 –15.5%（增幅分别为 22% 和 –51%）。整体而言，相同洪涝等级下，旱涝急转处理地表径流中可溶性磷（颗粒态磷）占比较对照组大（小）；幼苗—拔节期旱涝急转处理地表径流中可溶性磷（颗粒态磷）占比较抽雄—灌浆期大（小）；中旱—轻涝处理较轻旱—轻涝处理地表径流中可溶性磷（颗粒态磷）占比小（大），中旱—中涝处理较轻旱—中涝处理地表径流中可溶性磷（颗粒态磷）占比大（小）。

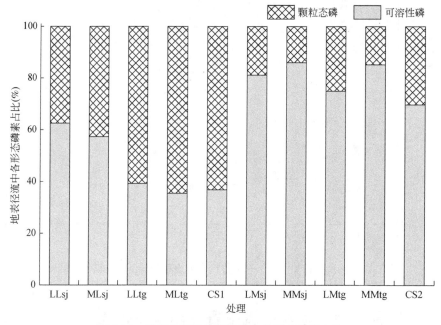

图 8-19 旱涝急转后地表径流中各形态磷素占比

8.5 旱涝急转对夏玉米农田生态系统中磷素迁移转化的影响

8.5.1 夏玉米农田中各理化生因子间相关关系

对旱涝急转下夏玉米–砂礓黑土系统中磷素及与磷素相关各理化生因子进行相关性分析，因土壤总孔隙度、pH、有机质含量和解磷真菌仅在轻旱—中涝处理和中旱—轻涝处理下检测，故将轻涝等级（轻旱—轻涝、中旱—轻涝）和中涝等级（轻旱—中涝、中旱—中涝）旱涝急转分开分析。

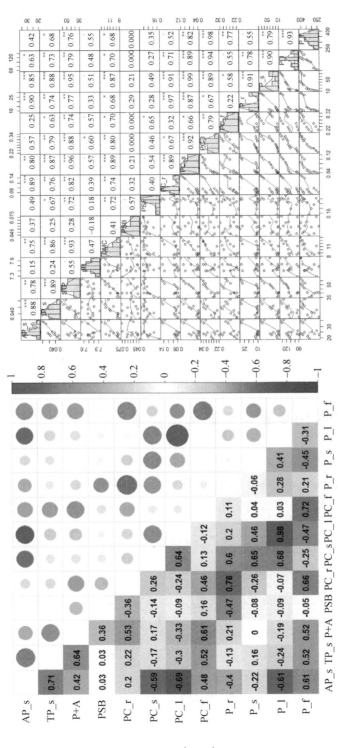

图 8-20　旱涝急转下（轻涝）农田与磷素相关的理化生因子间相关关系　图 8-21　旱涝急转下（中涝）农田与磷素相关的理化生因子间相关关系

AP_s, 土壤速效磷含量; TP_s, 土壤全磷含量; STP, 土壤总磷含量; P+A, 土壤细菌 Proteobacteria 和 Actinobacteria 总序列数; PSB, 土壤解磷细菌相对丰度; PSF, 土壤解磷真菌相对丰度; PC_r、PC_s、PC_l、PC_f 分别代表夏玉米根、茎、叶和果中磷含量; P_r、P_s、P_l、P_f 分别代表夏玉米根、茎、叶和果中磷吸收量; *, $p < 0.05$; **, $p < 0.01$; ***, $p < 0.001$

轻涝等级旱涝急转下（图 8-20），土壤速效磷含量与土壤全磷含量、土壤细菌 Proteobacteria 和 Actinobacteria 总序列数、土壤解磷细菌相对丰度、夏玉米根系磷含量、夏玉米籽粒磷含量、夏玉米籽粒磷吸收量呈正相关，相关系数分别为 0.71、0.42、0.03、0.2、0.48 和 0.61。夏玉米各器官磷含量与磷吸收量均呈正相关，且相关性系数较高，均大于 0.65。夏玉米籽粒中磷吸收量与根系中磷吸收量呈正相关（$R = 0.72$），与茎和叶中磷吸收量呈负相关（R 分别为 -0.45 和 -0.31），这与前面分析得出轻涝等级旱涝急转下茎和叶中磷素向果实中转移结果相吻合。

中涝等级旱涝急转下（图 8-21），各项指标之间大多呈显著正相关。土壤速效磷含量与土壤全磷含量、土壤总孔隙度、土壤有机质含量、夏玉米根系、茎和叶中磷素含量和磷吸收量均呈显著正相关，相关性系数均大于 0.57；与土壤解磷细菌和解磷真菌相对丰度有一定的正相关性。土壤全磷含量与夏玉米各器官磷素含量和磷吸收量呈显著正相关，相关性系数介于 0.63～0.88；与土壤解磷细菌相对丰度有一定的正相关性（$R = 0.25$），与土壤解磷真菌相对丰度有显著正相关性（$R = 0.67$）。土壤总孔隙度与 pH 和有机质含量呈显著正相关，相关性系数分别为 0.55 和 0.93。土壤有机质含量与夏玉米各器官磷素含量和磷吸收量呈显著正相关，相关性系数介于 0.68～0.89。这些相关性系数分析进一步佐证旱涝急转对土壤磷素和相应理化生性质产生影响，进而影响夏玉米各器官中磷素含量和磷吸收量。

8.5.2　夏玉米农田中磷素与环境理化生因子间因果路径关系

基于旱涝急转对夏玉米 – 砂礓黑土系统中与磷循环相关的理化生因子相关性分析，构建各因子间的因果路径关系图（图 8-22）。旱涝急转发生造成土壤总孔隙度和土壤水稳性大团聚体破裂增加（$R = 0.38$）、土壤 pH 增加（$R = 0.27$）、

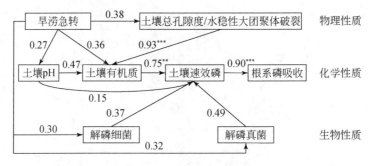

图 8-22　旱涝急转下夏玉米 – 砂礓黑土系统中各理化生因子与磷素的因果路径关系图

*, $p < 0.05$；**, $p < 0.01$；***, $p < 0.001$

土壤有机质分解（$R = 0.36$）、土壤解磷细菌和真菌相对丰度增加（R 分别为 0.30 和 0.32），土壤总孔隙度增加、土壤水稳性大团聚体破裂、土壤 pH 增加促使土壤有机质降解，土壤 pH、土壤有机质降解、解磷细菌和解磷真菌增加促进土壤磷素向速效磷转化增加，根系磷吸收量与土壤速效磷含量呈正相关。

8.5.3 旱涝急转对夏玉米农田磷素迁移转化影响机理

综合不同旱涝急转情景对土壤结构、土壤微生物、土壤磷素及夏玉米各器官中磷素的影响分析，绘制旱涝急转对夏玉米 – 砂礓黑土系统中磷素的影响机理图（图 8-23）。不同等级的旱涝急转的发生均会造成土壤总孔隙度增加，土壤大团聚体破裂，土壤有机质降解加速，土壤细菌中变形菌门和放线菌门总序列数增加，土壤解磷细菌和解磷真菌相对丰度增加。且相同洪涝等级的旱涝急转中，干旱持续时间越长，土壤速效磷含量越高，夏玉米根系和果实中磷吸收量越大。轻涝等级旱涝急转中随着干旱等级增加，茎和叶中磷素向果实中转移；而中涝等级旱涝急转茎和叶中磷素随着根系磷吸收增加而增加。

旱涝急转发生后土壤速效磷、根系数目和植物磷吸收较对照组减少，但随着干旱程度增加，土壤速效磷增加，根系和果实磷吸收增加。与第 2 章科学假设图对比可知，旱涝急转不是单一的干旱和洪涝事件效应的叠加，其作用机理更复杂。

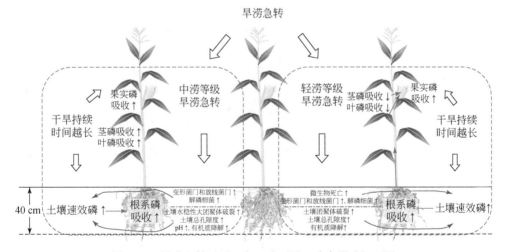

图 8-23 旱涝急转对夏玉米 – 砂礓黑土磷素影响机理图

依据第 2 章中磷素迁移转化理论框架与技术体系，分析本试验中不同旱涝急转情景与自然对照组相比夏玉米 – 砂礓黑土中磷素迁移转化机理（图 8-24）。

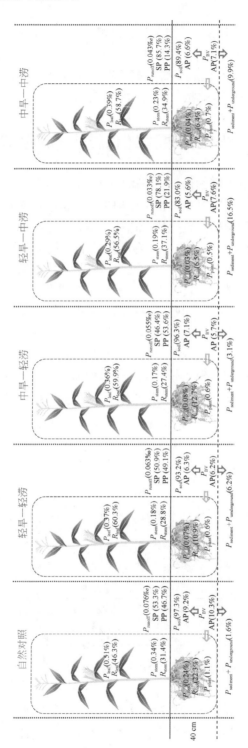

图 8-24　旱涝急转对夏玉米 - 砂礓黑土磷素迁移转化影响机理图

P_{BV}，土壤全磷储量基底值；P_{soil}，土壤全磷储量；AP，土壤速效磷储量；P_{plant}，自然降雨/旱涝急转后试验小区所有夏玉米磷储量；P_{runoff}、$P_{sediment}$、$P_{underground}$，自然降雨/旱涝急转后地表径流、地表径流急转后带走的泥沙、流入 40 cm 以下土层及地下水的磷储量，总和即为 0～40 cm 层土壤磷素的流失量；P_{root}，试验小区所有夏玉米根系全磷储量；P_{stem}，试验小区夏玉米茎中全磷储量；P_{leaf}，试验小区所有夏玉米叶中全磷储量；R_{leaf}，试验小区夏玉米叶中全磷储量在整株玉米中占比；R_{root}，试验小区夏玉米根系全磷储量在整株玉米中占比；R_{stem}，试验小区夏玉米茎中全磷储量在整株玉米中占比旱涝急转发生后夏玉米对磷素吸收平均低于土壤基底值磷储量的 1%，与对照组相比整体减少约 0.5%（降幅 45%）。与对照组相比，旱涝急转后夏玉米各器官中磷吸收占比均呈现根系减少、叶增加、茎略减少或增加。旱涝急转后从土壤向地表径流、泥沙和地下水等输送的磷素储量明显增加，且中涝等级较轻涝等级增幅更大；对照组土壤磷素流失量占土壤基底值 1.6%，旱涝急转处理组占比为3.1% ～ 16.5%。

　　旱涝急转后留存在土壤中磷素储量较对照组有所降低，且中涝等级较轻涝等级明显降低。与对照组相比，旱涝急转后地表径流中磷素占比有所下降，且洪涝程度越大，下降越明显，整体占比在 0.033‰ ～ 0.076‰。可能的原因是旱涝急转下地表径流冲刷带走的磷素大多存于泥沙中，地表径流中磷储量占比反而略有下降。整体来看，与对照组相比，旱涝急转发生会减少作物对磷的吸收，旱涝急转下土壤磷素流失主要通过泥沙输送和地下水淋洗途径对水环境造成污染。

第9章 皖北平原旱涝急转事件对夏玉米产量和水环境中磷素的影响及应对

本章基于试验获取的夏玉米产量和土壤磷素流失比例指标，估算旱涝急转对皖北平原夏玉米产量和水环境中磷素的影响，提出应对方案并评估效果，最后提出应对措施。

9.1 旱涝急转对皖北平原夏玉米产量的影响

根据 8.4.2 节中分析结果得出，与对照组相比，轻度旱涝急转的三种组合轻旱—轻涝、中旱—轻涝和轻旱—中涝处理籽粒产量降幅分别为 14%、22% 和 32%；中涝组合中中旱—中涝处理籽粒产量降幅约为 38%。第 3 章分析得出皖北平原 1964 ~ 2017 年 95% 的旱涝急转发生在夏季，85% 的旱涝急转为轻度旱涝急转，极少数为中度和重度旱涝急转；2020 ~ 2050 年 85% 的旱涝急转发生在夏季，85% 的旱涝急转为轻度旱涝急转，极少数为中度和重度旱涝急转。本书将中度和重度旱涝急转处理籽粒产量降幅均定为 38%。结合式（2-16）计算历史和未来旱涝急转下夏玉米籽粒产量年均降幅，将结果展布到皖北平原砂礓黑土夏玉米种植区。

结果表明，1964 ~ 2017 年皖北平原发生旱涝急转年度夏玉米年均产量平均减少 20.57% ~ 29.17%[图 9-1（a）]，其中，1964 ~ 1993 年间发生旱涝急转年度夏玉米年产量平均减少 17.60% ~ 33.00%[图 9-1（b）]，1994 ~ 2017 年间发生旱涝急转年度夏玉米年产量平均减少 18.82% ~ 28.22%[图 9-1（c）]。夏玉米减产幅度最大的中心由西南部（1964 ~ 1993 年）向中部（1994 ~ 2017 年）扩散。

2020 ~ 2050 年皖北平原发生旱涝急转年度夏玉米年产量平均减少 4.69% ~ 28.47%（图 9-2），夏玉米减产幅度最大的中心位于中部，向西部和东部递减。

未来与历史相比，夏玉米减产幅度最大中心发生转移，这与旱涝急转事件高频中心发生转移有关。历史旱涝急转下夏玉米减产幅度较未来略有增加，这与未来轻旱—轻涝组合旱涝急转情景占比增大有关。

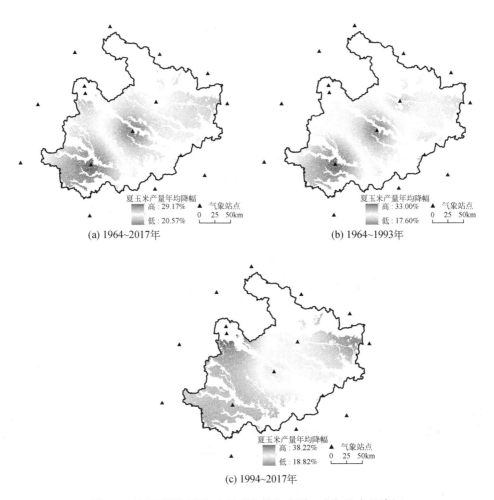

图 9-1　皖北平原历史发生旱涝急转年度夏玉米年均产量降幅

9.2　旱涝急转对皖北平原水环境中磷素的影响

　　根据 8.5.3 节中分析结果得出，与对照组相比，轻度旱涝急转的三种组合轻旱—轻涝、中旱—轻涝和轻旱—中涝处理土壤磷素流失比例分别为 6.2%、3.1% 和 16.5%；中旱—中涝处理土壤磷素流失比例为 9.9%。本书将中度和重度旱涝急转处理土壤磷素流失比例均定为 9.9%。结合式（2-17）和第 4 章皖北平原 1964 ～ 2017 年和 2020 ～ 2050 年夏季旱涝急转发生情况计算历史和未来旱涝急转发生后夏玉米 – 砂礓黑土组合土壤磷素年均流失量占比。

　　1964 ～ 2017 年皖北平原发生旱涝急转年度土壤磷素年均流失比例为 7.98% ～ 10.34%[图 9-3（a）]，其中，1964 ～ 1993 年发生旱涝急转年度土壤磷

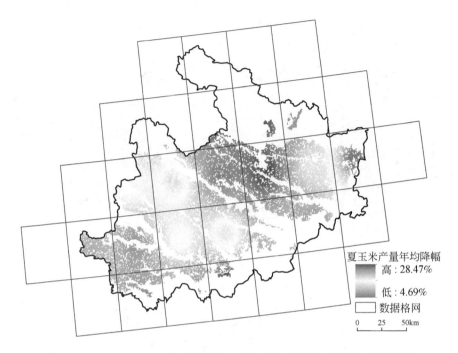

图 9-2　2020～2050 年皖北平原发生旱涝急转年度夏玉米年均产量降幅

素年均流失比例为 8.26%～12.12%[图 9-3（b）]，1994～2017 年间发生旱涝急转年度土壤磷素年均流失比例为 6.74%～10.58%[图 9-3（c）]。土壤磷素年均流失比例最大的中心由东北部（1964～1993 年）变换成西南部（1994～2017 年）。

2020～2050 年皖北平原发生旱涝急转年度土壤磷素年均流失比例为 2.07%～14.16%（图 9-4），土壤磷素年均流失比例最大的中心位于中部和南部，向西部和北部递减。

未来与历史相比，土壤磷素年均流失比例最大中心发生转移，这与旱涝急转事件高频中心发生转移有关。

9.3　皖北平原旱涝急转事件应对措施

9.3.1　应对方案情景设置

（1）情景方案一

假设通过人工灌溉等调控措施使皖北平原旱涝急转事件中的受旱等级从中旱

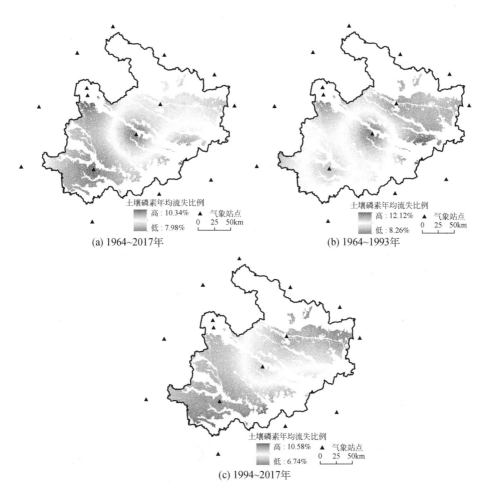

图 9-3 皖北平原历史发生旱涝急转年度土壤磷素年均流失比例

变为轻旱、重旱变为中旱（洪涝等级保持不变），分析旱涝急事件转对皖北平原砂礓黑土夏玉米种植区产量的影响。

　　结果表明，1964 ～ 2017 年皖北平原发生旱涝急转年度夏玉米年产量平均减少 19.14% ～ 26.00%[图 9-5（a）]。与干旱未降级的结果相比，干旱降级后旱涝急转年度夏玉米年均产量降幅变小，平均下降 1.4% ～ 3.2%（降幅为 7% ～ 11%）。可见，降低旱涝急转事件中的干旱等级，能削减其对夏玉米产量的影响。

　　干旱降级后，2020 ～ 2050 年皖北平原发生旱涝急转年度夏玉米年产量平均减少 4.69% ～ 28.22%[图 9-5（b）]。与干旱未降级的结果相比，干旱降级后夏玉米年均产量降幅平均下降 0.95% ～ 15.88%。

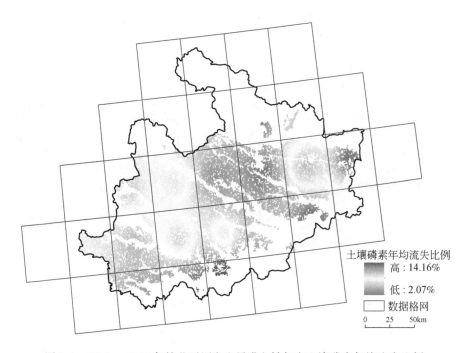

土壤磷素年均流失比例
高：14.16%

低：2.07%
数据格网
0   25   50km

图 9-4   2020～2050 年皖北平原发生旱涝急转年度土壤磷素年均流失比例

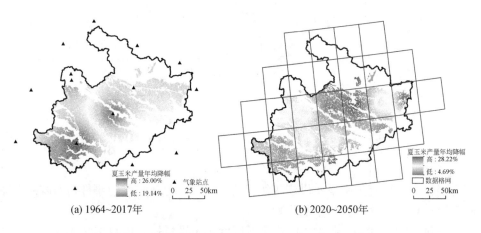

(a) 1964~2017年

夏玉米产量年均降幅
高：26.00%   气象站点

低：19.14%   0   25   50km

(b) 2020~2050年

夏玉米产量年均降幅
高：28.22%

低：4.69%
数据格网
0   25   50km

图 9-5   皖北平原发生旱涝急转年度夏玉米年均产量降幅（情景方案一）

整体来看，降低旱涝急转事件中的干旱等级，不管在过去还是未来均能削减其对夏玉米产量的影响。

同样，分析干旱降级条件下旱涝急事件转对皖北平原土壤磷素流失的影响，结果表明，1964～2017 年皖北平原旱涝急转年度土壤磷素年均流失比例为 9.14%～13.07%[图 9-6（a）]。与干旱未降级的结果相比，干旱降级后旱涝急转年度土壤磷素流失比例反而有所上升，平均上升 1.2% ～ 2.7%（增幅为 14% ～ 26%）。可见，降低旱涝急转事件中的干旱等级，不能削减其对水环境的影响。

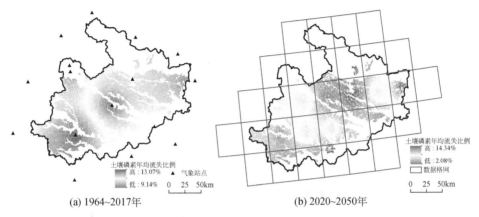

(a) 1964～2017年   (b) 2020～2050年

图 9-6 皖北平原发生旱涝急转年度土壤磷素年均流失比例（情景方案一）

干旱降级后，2020 ～ 2050 年皖北平原发生旱涝急转年度土壤磷素流失比例平均减少 2.08% ～ 14.34%[图 9-6（b）]。与干旱未降级的结果相比，干旱降级后土壤磷素流失比例略有增大（增幅为 0.5% ～ 1.3%）。

整体来看，干旱降级后，能削减皖北平原旱涝急转事件对夏玉米产量的影响，但不能削减其对水环境中磷素的影响。因此，降低旱涝急转事件中的干旱等级不能同时提升皖北平原夏玉米产量和水环境质量。

（2）情景方案二

假设通过人工拦蓄等调控措施使皖北平原旱涝急转事件中的受涝等级从中涝变为轻涝、重涝变为中涝（干旱等级保持不变），分析旱涝急事件转对皖北平原砂礓黑土夏玉米种植区产量的影响。

结果表明，1964 ～ 2017 年皖北平原发生旱涝急转年度夏玉米年产量平均减少 15.49% ～ 18.00%[图 9-7（a）]。与洪涝未降级的结果相比，洪涝降级后旱涝急转年度夏玉米年均产量降幅变小，平均下降 5.1% ～ 11.2%（降幅为 25% ～ 38%）。可见，降低旱涝急转事件中的洪涝等级，能较大幅度削减其对夏玉米产量的影响。

洪涝降级后，2020 ～ 2050 年间皖北平原发生旱涝急转年度夏玉米年产量平均减少 4.69% ～ 19.51%[图 9-7（b）]。与洪涝未降级的结果相比，洪涝降级后旱涝急转年度夏玉米年均产量降幅变小，约下降 8.96%（降幅为 31%）。

同样，分析洪涝降级条件下旱涝急事件转对皖北平原土壤磷素流失的影

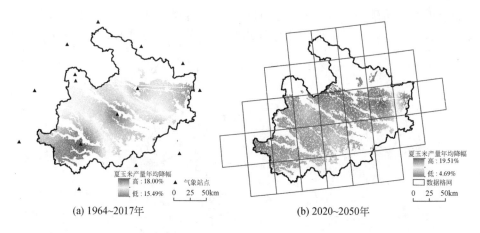

(a) 1964~2017年　　　　　　　　　(b) 2020~2050年

图 9-7　皖北平原发生旱涝急转年度夏玉米年均产量降幅（情景方案二）

响，结果表明，1964 ~ 2017 年发生旱涝急转年度土壤磷素年均流失比例为
4.65% ~ 6.20%[图 9-8（a）]。与洪涝未降级的结果相比，洪涝降级后土壤磷素
流失比例有所下降，平均下降 3.3% ~ 4.1%（降幅为 40% ~ 42%）。

　　洪涝降级后，2020 ~ 2050 年皖北平原发生旱涝急转年度土壤磷素流失比例
平均减少 2.00% ~ 6.20%[图 9-8（b）]。与洪涝未降级的结果相比，洪涝降级后
土壤磷素流失比例大幅度削减（降幅约为 56%）。

　　整体来看，降低洪涝等级后，能同时削减皖北平原旱涝急转事件对夏玉米产
量和水环境中磷素的影响。因此，降低洪涝等级能同时提升皖北平原夏玉米产量
和水环境质量。

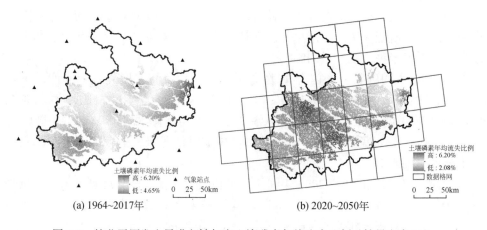

(a) 1964~2017年　　　　　　　　　(b) 2020~2050年

图 9-8　皖北平原发生旱涝急转年度土壤磷素年均流失比例（情景方案二）

9.3.2　应对措施

根据以上分析，降低旱涝急转事件中的干旱和洪涝等级均可对皖北平原夏玉米产量和土壤磷素流失产生一定影响。皖北平原旱涝急转事件的应对可采取以下措施：

（1）皖北平原大部分降水集中在夏季，在旱涝急转已发生地区可以通过建设渠坝等调控来水及分配，降低干旱和洪涝程度从而削减旱涝急转事件等级，从而减少灾害损失。

（2）增强农田和洼地的排水能力，形成较完整的排涝体系，减少旱涝急转后涝灾对作物产量和水环境中磷素污染的影响。

（3）皖北平原植被以栽培植被为主，可以培育并推广种植有耐旱耐涝能力的作物，以降低旱涝急转灾害的脆弱性。同时，也可考虑开展水源涵养林草地建设，涵养水土，削减污染。

（4）建立完善的监测监控和预警预报体系，提升流域旱涝急转灾害预警能力，实时监控旱涝急转灾害的形成和发展过程，为抗旱排涝工作提供数据支撑。

（5）提升运行调度能力和管理水平，建立抗旱和防洪排涝统筹应对、地表水和地下水联合调度的运行机制，由流域 / 区域管理机构统一指挥实施。加强应急预案和应急响应工作机制研究，确保应急救援工作迅速有效地开展。

（6）加强宣传，提升公众的防灾意识。合理调整和优化社会经济指标布局，规避和降低旱涝急转灾害风险和损失。

第10章 主要结论

本书以水循环理论为指导，从水文、气象、农业角度阐述旱涝急转的内涵与特征，重点与干湿交替和旱后复水等进行概念区分；综合气象和农业指标提出旱涝急转事件的判别方法，并以旱涝急转事件频发的皖北平原为研究区，分析其历史和未来旱涝急转事件演变特性；围绕旱涝急转对农田生态系统磷素迁移转化的影响，分别提出旱涝急转对土壤微生物群落及磷代谢影响、对农田磷素迁移转化影响、对作物生长和水环境影响的理论框架与具体技术支撑，通过田间情景模拟试验剖析旱涝急转对夏玉米-砂礓黑土生态系统磷素迁移转化的影响机理以及对夏玉米生长和水环境的影响效应；将试验研究结果推广到皖北平原，量化皖北平原旱涝急转事件对夏玉米产量和水环境的影响，并提出应对措施。主要结论如下：

（1）构建了旱涝急转事件判别方法及其对农田生态系统磷素迁移转化影响的理论与技术框架

基于水循环理论，从水文学、气象学、农业学角度阐释了旱涝急转的内涵及特征，重点强调其与干湿交替和旱后复水等有本质上的区别，即干湿交替和旱后复水对于干和湿的过程没有严格的阈值限定，而旱涝急转对于旱和涝均有一定的阈值限定，更强调其潜在的灾害性。本书综合干旱和洪涝等级来划分旱涝急转等级标准，分为轻度、中度和重度旱涝急转；采用连续无雨日数和土壤相对湿度判别干旱等级，依据干旱结束后 5 日内降水量来判别洪涝等级。结合流域/区域旱涝急转特性，通过田间情景模拟试验来明晰旱涝急转对农田生态系统磷素迁移转化的影响机理及效应，主要从土壤结构、土壤微生物群落及其磷代谢功能、土壤磷素和作物磷素等组分剖析农田磷素迁移转化的原因及比例，从作物生长指标和水环境中磷素变化来估算旱涝急转的效应。综合流域/区域旱涝急转特性和田间试验结果，推算旱涝急转对流域/区域作物生长和水环境的影响，提出应对措施。

（2）基于旱涝急转事件评价技术，分析了皖北平原近 60 年和未来 30 年旱涝急转事件的演变规律

依据旱涝急转事件判别方法，结合皖北平原自然降水等条件，计算皖北平原旱涝急转事件判别标准，并与实际记录的典型旱涝急转事件进行验证，结果吻合。皖北平原 1964～2017 年的旱涝急转事件多发生在夏季（90% 以上），极少数发生在春季和秋季，冬季没有旱涝急转事件发生。54 年间共发生 8～15 次旱涝急转，

平均 3～4 年一遇，发生频率较高，发生频次从中心向四周递减，且西南部较东北部发生频次高。大多数旱涝急转事件属于轻度旱涝急转（85% 以上），少数属于中度旱涝急转，极少数属于重度旱涝急转。轻度旱涝急转事件发生频次从中心向四周递减，往东北部和西南部递减程度相近；中度旱涝急转，从西南往东北递减；重度旱涝急转事件仅在东部有 1 次发生。旱涝急转发生概率由 1964～1993 年的 3～4 年一遇变为 1994～2017 年的 2～3 年一遇，且高频中心发生转移。2020～2050 年共发生 1～9 次旱涝急转事件，约 4 年一遇，大多属于轻度旱涝急转（85% 以上），少数属于中度旱涝急转，极少数属于重度旱涝急转。与皖北平原历史旱涝急转事件对比，高频中心有所转移。

（3）开展了旱涝急转对农田生态系统影响的机理试验，解析了旱涝急转对夏玉米生长发育的影响机理

旱涝急转发生在夏玉米任一生育期均不利于根系的伸长生长。在幼苗—拔节期，轻旱可以促进根系下扎，中旱则不利于根系生长；但在抽雄—灌浆期，轻旱和中旱均会对根系造成不利影响，并且此时干旱对 40 cm 层根系生长最为不利。旱涝急转后短时间内可以缓解前期干旱对根系生长的抑制，由于中旱处理比轻旱处理表层根系死亡更多，叠加洪涝处理后对表层根系造成不可逆的损伤，即使胁迫结束，表层根系也不能恢复生长。旱涝急转发生时段主要影响 $0 < D \leqslant 0.5$ mm 区间的根系。在整个生育期间，夏玉米根系呈逐渐伸长生长规律，幼苗—拔节期发生旱涝急转后，会导致根系在抽雄期后生长逐渐变缓，甚至停止，而当旱涝急转发生在抽雄—灌浆期时，对根系生长影响较小，可能时因为此时根系已基本成形，对灾害的抵抗性更强。

夏玉米在幼苗—拔节期和抽雄—灌浆期内发生旱涝急转事件会使叶面积指数降低，并且会缩短叶片生长期，使叶面积指数提前达到最大值。旱涝急转会导致夏玉米果穗的穗形变小、每穗总粒数减少，进而会造成不同程度的减产，与夏玉米植株磷吸收减少呈正相关。研究结果表明，与对照组相比，轻旱—轻涝、中旱—轻涝、轻旱—中涝和中旱—中涝处理下籽粒产量平均降幅分别为 14%、22%、32% 和 38%。旱涝急转发生对夏玉米籽粒品质特别是粗纤维和粗淀粉含量未有显著性影响。

（4）剖析了旱涝急转对夏玉米 – 砂礓黑土磷素迁移转化的影响机理

旱涝急转发生后对表层土壤中细菌群落不同水平的优势菌种均有显著影响，对表层土壤细菌组成和分布有重要影响。旱涝急转发生后夏玉米农田表层土壤中绝大部分解磷细菌有很强的显著性差异，进而影响表层土壤中磷素代谢与循环，主要菌属有 *Bacillus*、*Arthrobacter*、*Bradyrhizobium*、*Pseudomonas* 和 *Nitrosomonas*。旱涝急转的发生对表层土壤真菌群落组成和分布有一定的影响，对门水平的优势菌种 Ascomycota 里面的 *Acrophialophora*、*Coniochaeta* 和

Penicillium 属有显著影响，对解磷真菌 *Penicillium* 属有显著影响。旱涝急转对表层土壤中古菌群落的组成和分布无显著影响，对土壤和作物中的磷代谢过程也几乎无影响。旱涝急转主要对功能基因 K21195 有较明显的影响，其对应 EC 编码是 1.14.11.46，功能是 2-氨基乙基膦酸酯双加氧酶，主要影响甘氨酸、丝氨酸和苏氨酸以及脂磷酸聚糖的合成，即旱涝急转会影响蛋白质合成并可能对微生物细胞产生一定毒性。

不同等级旱涝急转的发生均会造成土壤总孔隙度增加，土壤大团聚体破裂，土壤有机质降解加速，土壤细菌中变形菌门和放线菌门总序列数增加，土壤解磷细菌和解磷真菌相对丰度增加。相同洪涝等级的旱涝急转中，干旱持续时间越长，土壤速效磷含量越高，夏玉米根系和果实中磷吸收量越大。轻涝等级旱涝急转中随着干旱等级增加，茎和叶中磷素向果实中转移；而中涝等级旱涝急转茎和叶中磷素随着根系磷吸收增加而增加。与对照组相比，旱涝急转发生会减少作物磷吸收。随泥沙流失和流入地下的土壤磷素流失量大幅提高，由对照组的 1.6% 提升到 3.1% ～ 16.5%。

（5）估算了皖北平原旱涝急转对夏玉米产量和土壤磷素流失的影响大小

将不同旱涝急转情景试验中得出的夏玉米减产率和土壤磷素流失率推广到皖北平原砂礓黑土夏玉米种植区得出，皖北平原 1964 ～ 2017 年发生旱涝急转年度夏玉米年产量平均减少 20.57% ～ 29.17%，且减产幅度最大的中心由西南部向中部转移扩散；2020 ～ 2050 年发生旱涝急转年度夏玉米年产量平均减少 4.69% ～ 28.47%，与历史相比，夏玉米减产幅度最大中心发生转移。1964 ～ 2017 年发生旱涝急转年度土壤磷素年均流失比例为 7.98% ～ 10.34%，土壤磷素年均流失比例最大中心也发生转移；2020 ～ 2050 年发生旱涝急转年度土壤磷素年均流失比例为 2.07% ～ 14.16%，与历史相比，土壤磷素年均流失比例最大中心发生转移。

（6）设置了应对方案并评估实施效果，提出了皖北平原旱涝急转事件应对措施

设置不同应对方案即降低旱涝急转事件中干旱等级和洪涝等级，计算皖北平原夏玉米产量和土壤磷素流失比例的变化得出，降低干旱和洪涝等级均能提升皖北平原夏玉米产量，降低洪涝等级也能削减旱涝急转对水环境中磷素的影响，而降低干旱等级相反。针对皖北平原现状，提出建设渠坝等调控来水及分配、增强农田和洼地的排水能力、培育并推广种植有耐旱耐涝能力的作物、建设水源涵养林草地、建立完善的监测监控和预警预报体系、提升管理水平和运行调度能力、加强应急预案研究、加强宣传以提升公众的防灾意识、合理调整和优化社会经济指标布局等措施，以更精准有效地削减和防治旱涝急转带来的灾害损害。

参 考 文 献

白恒.2019. 土壤墒情对典型作物—土壤组合单元碳通量及微生物群落影响.上海：东华大学.

毕吴瑕.2020. 旱涝急转对典型农田生态系统中磷素迁移转化的影响研究.南京：河海大学.

毕吴瑕,翁白莎,王旭.2021. 基于知识图谱的旱涝急转研究进展.水资源保护.https://kns.cnki.
　　net/kcms/detail/detail.aspx?dbcode=CAPJ&dbname=CAPJLAST&filename=SZYB20210104001
　　&v=PeAi9aFB2deZ1jGRH%25mmd2FqDw7UbKfGTu8g0er4WHVAkahJh7nSMll1p7EIh3lPIYg
　　Tw

陈灿,胡铁松,高芸,等.2018. 关于水稻灌区旱涝急转定义的探讨.中国农村水利水电,7: 56-
　　61.

陈超美,陈悦,侯剑华,等.2009.CiteSpace Ⅱ：科学文献中新趋势与新动态的识别与可视化.情
　　报学报,28(3): 401-421.

陈亮.2015. 干旱胁迫对水稻叶片光合作用和产量及稻米品质的影响研究.武汉：华中农业大学.

陈鹏狮,纪瑞鹏.2018. 东北春玉米不同发育期干旱胁迫对根系生长的影响.干旱地区农业研
　　究,36(1): 156-163.

陈志良,程炯,刘平,等.2008. 暴雨径流对流域不同土地利用土壤氮磷流失的影响.水土保持
　　学报,22(5): 30-33.

程晓峰.2017. 旱涝急转条件下水稻响应规律与水分生产函数研究.武汉：武汉大学.

程晓峰,胡铁松,熊威,等.2017. 旱涝急转对水稻产量及其性状的影响.中国农村水利水电,(6):
　　38-42.

程智,丁小俊,徐敏,等.2012. 长江中下游地区典型旱涝急转气候特征研究.长江流域资源与
　　环境,21(S2): 115-120.

程智,徐敏,罗连升,等.2012. 淮河流域旱涝急转气候特征研究.水文,32(1): 73-79.

邓艳.2015. 旱涝急转对双季超级杂交稻产量形成及其生理特性的影响.南昌：江西农业大学.

邓艳,钟蕾,陈小荣,等.2015. 分蘖期旱涝急速转换对杂交晚稻产量形成和叶片光合及内源激
　　素水平的影响.哈尔滨：中国作物学会——2015 年学术年会.

邓艳,钟蕾,陈小荣,等.2017. 穗分化期旱涝急转对超级杂交早稻产量和生理特性的影响.核
　　农学报,31(4): 768-776.

邓艳,陈小荣.2013. "旱涝急转"对水稻生长发育的影响及其有关问题的思考.生物灾害科
　　学,36(2): 217-222.

董爱荣,吕国忠,吴庆禹,等.2004. 小兴安岭凉水自然保护区森林土壤真菌的多样性.东北林
　　业大学学报,32(1): 8-10.

段红东.2001.21 世纪淮河治理规划应重点思考的几个问题.水利规划设计,(2): 24-27.

樊磊,叶小梅,何加骏,等.2008. 解磷微生物对土壤磷素作用的研究进展.江苏农业科学,(5):

261-263.

范丙全,金继运,葛诚.2002.溶磷草酸青霉菌筛选及其溶磷效果的初步研究.中国农业科学,35(5): 525-530.

方缘,张玉书.2018.干旱胁迫及补水对玉米生长发育和产量的影响.玉米科学,26(1): 89-97.

封国林,杨涵洧,张世轩,等.2012.2011年春末夏初长江中下游地区旱涝急转成因初探.大气科学,36(5): 1009-1026.

冯帅,刘小利,吴小丽,等.2017.不同水分条件对玉米根际微生物群落的影响.作物杂志,(1): 127-134.

高超,张正涛,陈实,等.2014.RCP4.5情景下淮河流域气候变化的高分辨率模拟.地理研究,33(3): 467-477.

高旭晖,胡贤春,梁丽云.2006.茶园土壤真菌主要种群及其分布规律的初步研究.福建茶叶,(4): 15-16.

高莹,徐晓天,辛智鸣,等.2020.模拟增雨对荒漠土壤古菌多样性的影响.中国沙漠,40(1): 156-165.

高芸,胡铁松,袁宏伟,等.2017.淮北平原旱涝急转条件下水稻减产规律分析.农业工程学报,33(21): 128-136.

郭太忠,袁刘正,赵月强,等.2014.渍涝对玉米产量和根际土壤微生物的影响.湖北农业科学,53(3): 505-507.

国家防汛抗旱总指挥部.2017.中国水旱灾害公报.

何慧,陆虹.2014.广西2013年夏季旱涝急转特征.热带地理,34(6): 767-775.

何慧,廖雪萍,陆虹,等.2016.华南地区1961-2014年夏季长周期旱涝急转特征.地理学报,71(1): 130-141.

何静丹,文仁来.2017.抽雄期干旱胁迫与复水对不同玉米品种生长及产量的影响.南方农业学报,48(3): 408-415.

何恺文.2017.草本植被根系对崩岗洪积扇土壤分离的影响.福州:福建农林大学.

洪林,李瑞鸿.2011.南方典型灌区农田地表径流氮磷流失特性.地理研究,30(1): 115-124.

胡利民,石学法,王国庆,等.2014.2011长江中下游旱涝急转前后河口表层沉积物地球化学特征研究.地球化学,43(1): 39-54.

黄承玲,陈训,高贵龙.2011.3种高山杜鹃对持续干旱的生理响应及抗旱性评价.林业科学,47(6): 48-55.

黄敏,吴金水,黄巧云,等.2003.土壤磷素微生物作用的研究进展.生态环境,12(3): 366-370.

黄荣,俞双恩,肖梦华,等.2011.分蘖期稻田不同水层深度下暴雨后地表水TP的变化.节水灌溉,(11): 41-43+45.

黄茹.2015.淮河流域旱涝急转事件演变及应对研究.北京:中国水利水电科学研究院.

黄天琪.2018.结实期高温与水分胁迫对糯玉米淀粉品质的影响研究.扬州:扬州大学.

江红梅,殷中伟,史发超,等.2018.一株耐盐溶磷真菌的筛选、鉴定及其生物肥料的应用效果.植物营养与肥料学报,24(3): 728-742.

姜海燕,闫伟,李晓彤,等.2010.兴安落叶松林土壤真菌的群落结构及物种多样性.西北林学院学报,25(2): 100-103.

康洁 .2013. 玉米根系分布特征及其对土壤物理特性的影响 . 杨凌 : 西北农林科技大学 .

康璇 , 王雪梅 , 赵枫 .2016. 干旱区绿洲土壤 pH 值与电导率的空间变异研究 . 西南农业学
　　报 ,29(11): 2660-2664.

李明 , 祝从文 , 庞铁舒 .2014.2011 年春夏季长江中下游旱涝急转可能成因 . 气象与环境学
　　报 ,30(4): 70-78.

李嫱 .2012. 干旱胁迫和旱后复水对翠菊生长发育影响的研究 . 长春 : 吉林农业大学 .

李绍军 .2009. 旱后复水玉米补偿生长效应的生理学响应 . 杨凌 : 西北农林科技大学 .

李雪凌 .2018. 皖北平原水资源演变及除涝降渍工程模式研究 . 合肥 : 安徽农业大学 .

李迅 , 袁东敏 , 尹志聪 , 等 .2014.2011 年长江中下游旱涝急转成因初步分析 . 气候与环境研
　　究 ,19(1): 41-50.

廖菁菁 .2007. 农田土壤磷素的时空变异及形态转化特征研究 . 南京 : 南京农业大学 .

林慧 , 王景才 , 蒋陈娟 .2019.CMIP5 模式对淮河流域气候要素的模拟评估及未来情景预估 . 人
　　民珠江 ,40(12): 43-50.

林燕青 , 吴承祯 , 洪伟 , 等 .2015. 解磷菌的研究进展 . 武夷科学 ,31(1): 161-169.

刘方 , 黄昌勇 .2003. 长期施磷对黄壤旱地磷库变化及地表径流中磷浓度的影响 . 应用生态学
　　报 ,14(2): 196-200.

刘佩佩 , 巩远发 , 李妍 , 等 .2014.2011 年春夏长江中下游旱涝急转的低频环流系统变化 . 成都信
　　息工程学院学报 ,29(5): 522-527.

刘淑霞 , 周平 .2008. 吉林黑土区玉米田土壤真菌的多样性 . 东北林业大学学报 ,36(7): 42-46.

刘树堂 , 东先旺 , 孙朝辉 , 等 .2003. 水分胁迫对夏玉米生长发育和产量形成的影响 . 莱阳农学
　　院学报 ,20(2): 98-100.

鲁如坤 .2000. 土壤农业化学分析方法 . 北京 : 中国农业科技出版社 .

罗春燕 , 涂仕华 , 庞良玉 , 等 .2009. 降雨强度对紫色土坡耕地养分流失的影响 . 水土保持学
　　报 ,23(4): 24-27.

马琨 , 王兆骞 , 陈欣 , 等 .2002. 不同雨强条件下红壤坡地养分流失特征研究 . 水土保持学报 ,16(3):
　　16-19.

马鹏辉 , 杨燕军 , 刘铁军 .2014.2011 年长江中下游地区旱涝急转成因分析 . 气象与减灾研
　　究 ,37(3): 1-6.

倪深海 , 顾颖 .2011. 我国抗旱面临的形势和抗旱工作的战略性转变 . 中国水利 ,(13): 25-26,34.

牛建利 , 何紫云 , 张天宇 , 等 .2013. 旱涝急转对生产、生活与生态的影响及应对措施效果分析——
　　以安徽省巢湖市槐林镇为例 . 长江流域资源与环境 ,22(S1): 108-115.

彭静静 , 高辉远 .2016. 解磷菌的研究进展及展望 . 泰山学院学报 ,38(6): 95-99.

钱婧 .2015. 模拟降雨条件下红壤坡面菜地侵蚀产沙及土壤养分流失特征研究 . 杭州 : 浙江大学 .

乔志伟 .2019. 溶磷真菌的筛选及配施难溶态磷对土壤磷素有效性的影响 . 水土保持学报 ,33(5):
　　329-333.

任丽雯 , 刘明春 , 王兴涛 , 等 .2019. 拔节和抽雄期水分胁迫对春玉米生长和产量的影响 . 中国
　　农学通报 ,35(1): 17-22.

沈柏竹 , 张世轩 , 杨涵洧 , 等 .2012.2011 年春夏季长江中下游地区旱涝急转特征分析 . 物理学
　　报 ,61(10): 530-540.

时兴合,郭卫东,李万志,等.2015.2013年青海北部春季旱涝急转的特征及其成因分析.冰川冻土,37(2): 376-386.

史铭偃.2005.吉林省黑土玉米田土壤真菌区系及生态特性研究.长春:吉林农业大学.

史铭偃,刘淑霞,李玉,等.2004.不同肥力下黑土土壤真菌数量年变化的研究.菌物研究,2(4): 16-21.

孙百良,杨晓杰,王瑶,等.2015.复水对玉米干旱胁迫的缓解效应.基因组学与应用生物学,34(12): 2733-2737.

孙鹏,刘春玲,张强.2012.东江流域汛期旱涝急转的时空演变特征.人民珠江,33(5): 29-34.

孙小婷,李清泉,王黎娟.2017.我国西南地区夏季长周期旱涝急转及其大气环流异常.大气科学,41(6): 1332-1342.

唐明,邵东国,姚成林.2007.沿淮淮北地区旱涝急转的成因及应对措施.中国水利水电科学研究院学报,5(1): 26-32.

田再民,龚学臣,抗艳红,等.2011.植物对干旱胁迫生理反应的研究进展.安徽农业科学.39(26): 16475-16477.

佟屏亚,凌碧莹.1994.夏玉米氮、磷、钾积累和分配态势研究.玉米科学,2(2): 65-69.

王超,赵培,高美荣.2013.紫色土丘陵区典型生态-水文单元径流与氮磷输移特征.水利学报,44(6): 748-755.

王芳,图力古尔.2014.土壤真菌多样性研究进展.菌物研究,12(3): 178-186.

王峰,李萍,熊昱,等.2017.不同干旱程度对夏玉米生长及产量的影响.节水灌溉,(2): 1-4,8.

王富民,龚学臣,抗艳红,等.1992.高效溶磷菌的分离、筛选及在土壤中溶磷有效性的研究.生物技术,2(6): 34-37.

王光华,赵英,周德瑞,等.2003.解磷菌的研究现状与展望.生态环境,12(1): 96-101.

王后明,顾梅.2012.蚌埠地区旱涝急转的成因、特点及治理对策.治淮,(1): 17-18.

王梅,周伟,高世凯,等.2017.旱涝交替胁迫对稻田地表及地下水总磷的影响.河海大学学报(自然科学版),45(1): 63-68.

王梦珂.2020.旱涝急转对皖北地区夏玉米生长发育的影响实验研究.上海:东华大学.

王明,张晴雯,杨正礼,等.2014.宁夏引黄灌区干湿交替过程中土壤pH的动态变化及影响因素.核农学报,28(4): 720-726.

王胜,田红,丁小俊,等.2009.淮河流域主汛期降水气候特征及"旱涝急转"现象.中国农业气象,30(1): 31-34.

温克刚,翟武全.2007.中国气象灾害大典.北京:气象出版社.

翁白莎,严登华.2010.变化环境下我国干旱灾害的综合应对.中国水利,(7): 4-7+3.

吴志伟.2006.长江中下游夏季风降水"旱涝并存、旱涝急转"现象的研究.南京:南京信息工程大学.

吴志伟,李建平,何金海,等.2006.大尺度大气环流异常与长江中下游夏季长周期旱涝急转.科学通报,51(14): 1717-1724.

吴志伟,李建平,何金海,等.2007.正常季风年华南夏季"旱涝并存、旱涝急转"之气候统计特征.自然科学进展,17(12): 1665-1671.

邢栋,张展羽,杨洁,等.2015.旱涝急转条件下红壤坡地径流养分流失特征研究.灌溉排水学

报 ,34(2): 11-15.

熊强强 , 钟蕾 , 陈小荣 , 等 .2016. 穗分化期旱涝急转对双季超级杂交稻叶片稳定性 $\delta^{13}C$ 和 $\delta^{15}N$ 同位素比值的影响 . 核农学报 ,31(3): 559-565.

熊强强 , 沈天花 , 钟蕾 , 等 .2017a. 分蘖期和幼穗分化期旱涝急转对超级杂交早稻产量和品质的影响 . 灌溉排水学报 ,36(10): 39-45.

熊强强 , 钟蕾 , 沈天花 , 等 .2017b. 穗分化期旱涝急转对双季超级杂交稻物质积累和产量形成的影响 . 中国农业气象 ,38(9): 597-608.

熊强强 , 钟蕾 , 沈天花 , 等 .2017c. 旱涝急转对水稻干物质积累与运转、叶片 $\delta^{13}C$ 及生理特性的影响 . 保定 :2017 年中国作物学会学术年会 .

熊威 .2017. 基于 Palmer 旱度模式的四湖流域旱涝急转特征分析 . 武汉 : 武汉大学 .

徐敏 , 丁小俊 , 罗连升 , 等 .2013. 淮河流域夏季旱涝急转的低频环流成因 . 气象学报 ,71(1): 86-95.

杨帆 , 蒋轶锋 , 王翠翠 , 等 .2016. 西湖龙泓涧流域暴雨径流氮磷流失特征 . 环境科学 ,37(1): 141-147.

杨佩国 , 胡俊锋 , 于伯华 , 等 .2013. 亚太地区洪涝灾害的时空格局 . 陕西师范大学学报 (自然科学版),41(1): 74-81.

于玲 .2001. 淮北平原区降雨入渗补给量的研究 . 地下水 ,(1): 36-38.

袁静 , 蒋新会 , 黄锦珠 , 等 .2008. 水稻拔节孕穗期旱涝急转对其生理特性的影响 . 水利科技与经济 ,(4): 259-262.

岳杨 .2020. 基于 LDFAL 及 SDFAL 指数的鞍山地区旱涝急转时空特征分析 . 水利规划与设计 ,(1): 34-39.

曾远 , 张永春 , 范学平 .2007. 太湖流域典型平原河网区降雨径流氮磷流失特征分析 . 水资源保护 ,23(1): 25-27.

张丽梅 , 贺纪正 .2012. 一个新的古菌类群——奇古菌门 (Thaumarchaeota). 微生物学报 ,52(4): 411-421.

张丽梅 , 沈菊培 , 贺纪正 .2015. 奇妙的古菌——奇古菌 (Thaumarchaeota) 的代谢和功能多样性 . 科学观察 ,10(6): 63-66.

张屏 , 汪付华 , 吴忠连 , 等 .2008. 淮北市旱涝急转型气候规律分析 . 水利水电快报 ,29(S1): 139-140+151.

张水锋 .2012. 基于径流分析的淮河流域汛期旱涝急转研究 . 湖泊科学 ,24(5): 679-686.

张天宇 , 唐红玉 , 雷婷 , 等 .2014. 重庆夏季旱涝急转与大气环流异常的联系 . 云南大学学报 (自然科学版),36(1): 79-87.

张晓萌 , 王振龙 , 杜富慧 , 等 .2019. 淮北平原浅埋区地下水埋深对土壤水变化的影响研究 . 节水灌溉 ,(9): 6-9.

张效武 , 徐维国 , 施宏江 , 等 .2007. 安徽省旱涝急转规律的认识与研究 . 中国水利 ,(5): 40-42.

张玉琴 , 李栋梁 .2019. 华南汛期旱涝急转及其大气环流特征 . 气候与环境研究 ,24(4): 430-444.

张智郡 , 刘海军 .2018. 玉米生理生态指标及产量对不同生育期水分亏缺的响应 . 灌溉排水学报 ,37(4): 9-17.

中国气象局 .2012.2011 年国内十大天气气候事件 . 中国减灾 ,(6): 6.

中华人民共和国国家标准 .1989. 水质总磷的测定——钼酸铵分光光度法 ,GB 1893-89.

中华人民共和国国家标准 .2006. 气象干旱等级 ,GB/T 20481-2006.

中华人民共和国环境保护部 .2016.2015 年中国环境状况公报 .

中华人民共和国林业行业标准 .1999. 森林植物与森林枯枝落叶层全硅、全铁、全铝、全钙、全镁、全钾、全纳、全磷、全硫、全锰、全铜、全锌的测定 ,LY/T 1270-1999.

中华人民共和国林业行业标准 .2015. 森林土壤磷的测定 ,LY/T 1232-2015.

中华人民共和国农业行业标准 .2006a. 土壤检测第 3 部分：土壤机械组成的测定 ,NY/T 1121.3-2006.

中华人民共和国农业行业标准 .2006b. 土壤检测第 2 部分：土壤 pH 的测定 ,NY/T 1121.2-2006.

中华人民共和国农业行业标准 .2006c. 土壤检测第 6 部分：土壤有机质的测定 ,NY/T 1121.6-2006.

中华人民共和国农业行业标准 .2008. 土壤检测第 19 部分：土壤水稳性大团聚体组成的测定 ,NY/T 1121.19-2008.

中华人民共和国水利行业标准 .2008. 旱情等级标准 ,SL424-2008.

钟蕾 , 汤国平 , 陈小荣 , 等 .2016. 旱涝急速转换对超级杂交晚稻秧苗素质及叶片内源激素水平的影响 . 江西农业大学学报 ,38(4): 593-600.

周西 , 李林 , 单世华 , 等 .2012. 旱涝急转对不同花生品种生理生化指标的影响 . 中国油料作物学报 ,34(1): 56-61.

朱从桦 .2016. 低磷胁迫下硅、磷配施对玉米养分吸收利用及产量形成的影响 . 成都 : 四川农业大学 .

Achat D L,Augusto L,Gallet-Budynek A,et al.2012.Drying-induced changes in phosphorus status of soils with contrasting soil organic matter contents - Implications for laboratory approaches. Geoderma,187: 41-48.

Ahmed M A,Zarebanadkouki,M,Kaestner A,et al.2016.Measurements of water uptake of maize roots: the key function of lateral roots.Plant and Soil,398(1-2): 59-77.

Asea P E A,Kucey R M N,Stewart J W B.1988.Inorganic phosphate solubilization by two Penicillium species in solution culture and soil.Soil Biology & Biochemistry,20: 459-464.

Bashan Y,Kamnev A A,De-Bashan L E.2013.Tricalcium phosphate is inappropriate as a universal selection factor for isolating and testing phosphate-solubilizing bacteria that enhance plant growth: a proposal for an alternative procedure.Biology and Fertility of Soils,49(4): 465-479.

Bhattarai S P,Pendergast L,Midmore D J.2006.Root aeration improves yield and water use efficiency of tomato in heavy clay and saline soils.Scientia horticulturae,3(108): 278-288.

Bi W X, Weng B S, Yuan Z, et al. 2019. Evolution of drought-flood abrupt alternation and its impacts on surface water quality from 2020 to 2050 in the Luanhe river basin. International Journal of Environmental Research and Public Health, 16(5): 691.

Bi W X, Wang M K, Weng B S, et al. 2020a. Effects of drought-flood abrupt alternation on the growth of summer maize. Atmosphere, 11(1): 21.

Bi W X, Weng B S, Yan D H, et al. 2020b. Effects of drought-flood abrupt alternation on phosphorus in summer maize farmland systems. Geoderma, 363: 114147.

Birch H F,Friend M T.1961.Resistance of humus to decomposition.Nature,191: 81-96.

Blackwell M S A.2009.Effects of soil drying and rate of re-wetting on concentrations and forms of phosphorus in leachate.Biology and Fertility of Soils,45(6): 635-643.

Campos H,Cooper M,Habben J E,et al.2004.Improving drought tolerance in maize: a view from industry.Field Crops Research,1(90): 19-34.

Cao X,Dermatas D,Xu X,et al.2008.Immobilization of lead in shooting range soils by means of cement,quicklime,and phosphate amendments.Environmental Science and Pollution Research,15(2): 120-127.

Case J L.2016.From drought to flooding in less than a week over South Carolina.Results in physics,6: 1183-1184.

Cavaglieri L,Orlando J,Etcheverry M.2009.Rhizosphere microbial community structure at different maize plant growth stages and root locations.Microbiological Research,164(4): 391-399.

Chacon N,Dezzeo N,Munoz B,et al.2005.Implications of soil organic carbon and the biogeochemistry of iron and aluminum on soil phosphorus distribution in flooded forests of the lower Orinoco River,Venezuela.Biogeochemistry,73(3): 555-566.

Chao A.1984.Non-parametric estimation of the number of classes in a population.Scandinavian Journal of Statistics,11: 265-270.

Chao A,Yang M C K.1993.Stopping rules and estimation for recapture debugging with unequal failure rates.Biometrika,80: 193-201.

Chen H,Lai L,Zhao X R,et al.2016.Soil microbial biomass carbon and phosphorus as affected by frequent drying–rewetting.Soil Research,54: 321-327.

Chen X C,Zhang L P,Zou L,et al.2018.Spatio temporal variability of dryness/wetness in the middle and lower reaches of the Yangtze River Basin and correlation with large-scale climatic factors. Meteorology and Atmospheric Physics: 1-17.

Dadrasan M,Chaichi M R,Pourbabaee A A,et al.2015.Deficit irrigation and biological fertilizer influence on yield and trigonelline production of fenugreek.Industial Crops and Products,77: 156-162.

Dai A,Trenberth K E,Qian T.2004.A global dataset of Palmer drought severity index for 1870-2002: relationship with soil moisture and effects of surface warming.Journal of Hydrometeorology,5: 1117-1130.

De Troyer I,Merckx R,Amery F,et al.2014.Factors Controlling the Dissolved Organic Matter Concentration in Pore Waters of Agricultural Soils.Vadose Zone Journal,13(7): 1-9.

De-Campos A B,Huang C,Johnston C T.2012.Biogeochemistry of terrestrial soils as influenced by short-term flooding.Biogeochemistry,111(1-3): 239-252.

Delgado-Baquerizo M.2013.Decoupling of soil nutrient cycles as a function of aridity in global drylands.Nature,502(7473): 672.

Dennis E S,Dolferus R,Ellis M,et al. 2000. Molecular strategies for improving waterlogging tolerance in plants.Journal of experimental Botany,343(51): 89-97.

Dijkstra F A,He M,Johansen M P,et al.2015.Plant and microbial uptake of nitrogen and phosphorus affected by drought using N-15 and P-32 tracers.Soil Biology & Biochemistry,82: 135-142.

Dinh M V,Guhr A,Spohn M,et al.2017.Release of phosphorus from soil bacterial and fungal biomass following drying/rewetting.Soil Biology & Biochemistry,110: 1-7.

Dinh M V,Schramm T,Spohn,M,et al.2016.Drying-rewetting cycles release phosphorus from forest soils.Journal of Plant Nutrition and Soil Science,179(5): 1-9.

Drew M C,Sisworo E J.1979.The development of waterlogging damage in young barley plants in relation to plant nutrient status and changes in soil properties.New Phytologist,2(82): 301-314.

Duran P.2016.Inoculation with selenobacteria and arbuscular mycorrhizal fungi to enhance selenium content in lettuce plants and improve tolerance against drought stress.Journal of Soil Science and Plant Nutrition,16(1): 211-225.

Dwyer L M,Stewart D W.1984.Indicators of water stress in corn (Zea mays L.).Canadian Journal of Plant Science,64(3): 537-546.

Efeoğlu B,Ekmekci Y,Cicek N.2009.Physiological responses of three maize cultivars to drought stress and recovery.South African Journal of Botany,1(75): 34-42.

Egamberdiyeva D.2007.The effect of plant growth promoting bacteria on growth and nutrient uptake of maize in two different soils.Applied Soil Ecology,2-3(36): 184-189.

Esptein N.1989.On tortuosity and the tortuosity factor in flow and diffusion through porous media. Chemical Engineering Science,44(3): 777-779.

Everaarts A P,Neeteson J J,Huong P T T,et al.2015.Vegetable production after flooded rice improves soil properties in the Red River Delta,Vietnam.Pedosphere,25(1): 130-139.

Fan H.2019.Spatial and temporal evolution characteristics of drought-flood abrupt alternation in Guizhou Province in recent 50 years based on DWAAI index.Applied Ecology and Environmental Research,17(5): 12227-12244.

Fang W.2019.Copulas-based risk analysis for inter-seasonal combinations of wet and dry conditions under a changing climate.International Journal of Climatology,39(4): 1-17.

Feldman L.1994.The maize rootThe maize handbook. New York: Springer.

Frich P.2002.Observed coherent changes in climatic extremes during the second half of the twentieth century.Geophycial Research Letters,19: 193-212.

Gao Y,Hu T S,Wang Q,et al.2019.Effect of drought-flood abrupt alternation on rice yield and yield components.Crop Science,59: 280-292.

Gao Z Q.2016.Spatial and seasonal distributions of soil phosphorus in a short-term flooding wetland of the Yellow River Estuary,China.Ecological Informatics,31: 83-90.

Germ M,Gaberščik A.2016.The Effect of Environmental Factors on BuckwheatMolecular Breeding and Nutritional Aspects of Buckwheat. Pittsburgh: Academic Press.

Gitelson A A.2003.Remote estimation of leaf area index and green leaf biomass in maize canopies. https://doi.org/10.1029/2002GL016450.

Gordon H,Haygarth P M,Bardgett R D.2008.Drying and rewetting effects on soil microbial community composition and nutrient leaching.Soil Biology & Biochemistry,40: 302-311.

Gua S.2018.Drying/rewetting cycles stimulate release of colloidal-bound phosphorus in riparian soils.

Geoderma,321: 32-41.

Guillaume T,Holtkamp A M,Damris M,et al.2016.Soil degradation in oil palm and rubber plantations under land resource scarcity.Agriculture,Ecosystems & Environment,232: 110-118.

Harrison-Kirk T,Beare M H,Meenken E D,et al.2014.Soil organic matter and texture affect responses to dry/wet cycles: Changes in soil organic matter fractions and relationships with C and N mineralisation.Soil Biology & Biochemistry,74: 50-60.

He M,Dijkstra F A.2014.Drought effect on plant nitrogen and phosphorus: a meta-analysis.New Phytologist,204(4): 924-931.

Hinsinger P.2001.Bioavailability of soil inorganic P in the rhizosphere as affected by root-induced chemical changes: a review.Plant and Soil,237(2): 173-195.

Huang J.2019.Root growth dynamics and yield responses of rice (Oryza sativa L.) under drought— Flood abrupt alternating conditions.Environmental and Experimental Botany,157: 11-25.

Huck M G.1970.Variation in taproot elongation rate as influenced by composition of the soil air.Agronomy Journal,6(62): 815-818.

J.,M.,Kjñrgaard,C.,Gorissen,A.et al.1999.Drying and rewetting of a loamy sand soil did not increase the turnover of native organic matter,but retarded the decomposition of added ^{14}C-labelled plant material.Soil Biology and Biochemistry,31: 595-602.

Ji Z H,Li N,Wu X H.2017.Threshold determination and hazard evaluation of the disaster about drought/flood sudden alternation in Huaihe River basin,China.Theoretical and Applied Climatology,133: 1279-1289.

Katznelson H,Peterson E,Rouatt J.1962.Phosphate-dissolving microorganisms on seed and in the root zone of plants.Canadian Journal of Botany,40(9): 1181-1186.

Khan S U,Hooda P S,Blackwell M S A,et al.2019.Microbial biomass responses to soil drying-rewetting and phosphorus leaching.Frontiers in Environmental Science,7: 109.

Kucey R M N,Janzen H H,Leggett M E.1989.Inorganic Phosphate Solubilizing Microorganisms: Microbially Mediated Increases in Plant Available Phosphorus. New York:Academic Press Inc.

Lambers H,Chapin F S,Prons T L.2008.Plant Physiological Ecology. New York: Springer.

Larcher W.2003.Physiological Plant Ecology.Berlin: Springer-Verlag.

Li X Z,Rui J P,Xiong J B,et al.2014.Functional potential of soil microbial communities in the maize rhizosphere.PLoS One,9(11):1-9.

Li X Z,Rui J,Mao Y,et al.2014.Dynamics of the bacterial community structure in the rhizosphere of a maize cultivar.Soil Biology & Biochemistry,68: 392-401.

Li X H,Zhang Q,Zhang D,et al.2016.Investigation of the drought-flood abrupt alternation of streamflow in Poyang Lake catchment during the last 50 years.Hydrology Research,266: 1-16.

Li Y H.2009.Characteristics of outgoing longwave radiation related to typical flood and drought years over the east of southwest China in Summer.Plateau Meteorology,28(4): 861-869.

Li Z.2018.A positive response of rice rhizosphere to alternate moderate wetting and drying irrigation at grain filling stage.Agricultural Water Management,207: 26-36.

Lynch J P,Chimungu J G,Brown K M.2014.Root anatomical phenes associated with water acquisition from drying soil: targets for crop improvement.Journal of Experimental Botany,21(65): 6155-6166.

Maranguit D,Guillaume T,Kuzzyakov Y.2017.Effects of flooding on phosphorus and iron mobilization in highly weathered soils under different land-use types: Short-term effects and mechanisms. Catena,158: 161-170.

Marschner P,Crowley D,Rengel Z.2011.Rhizosphere interactions between microorganisms and plants govern iron and phosphorus acquisition along the root axis - model and research methods.Soil Biology & Biochemistry,43(5): 883-894.

Mason W K,Meyer W S,Barrs H D,et al.1984.Effects of flood irrigation on air-filled porosity,oxygen levels and bulk density of a cracking clay soil in relation to the production of summer row crops.

Masui T,Matsumoto K,Hijioka Y,et al.2011.An emission pathway for stabilization at 6 Wm^{-2} radiative forcing.Climatic Change,109(1-2): 59.

Mclatchey G P,Reddy K R.1998.Regulation of organic matter decomposition and nutrient release in a wetland soil.Journal of Environmental Quality,27(5): 1268-1274.

Merten J.2016.Water scarcity and oil palm expansion: social views and environmental processes. Ecology and Society,21: 52.

Mohammadkhani N,Heidari R.2008.Effects of drought stress on soluble proteins in two maize varieties.Turkish Journal of Biology,1(32): 23-30.

Moser S B,Feil B,Jampatong S,et al.2006.Effects of pre-anthesis drought,nitrogen fertilizer rate,and variety on grain yield,yield components,and harvest index of tropical maize.Agricultural Water Management,1-2(81): 41-58.

Mouradi M.2016.Seed osmopriming improves plant growth,nodulation,chlorophyll fluorescence and nutrient uptake in alfalfa (Medicago sativa L.) - rhizobia symbiosis under drought stress.Scientia Horticulturae,213: 232-242.

Nahas E,Banzatto D A,Assis L C.1990.Fluorapatite solubilization by Aspergillus niger in vinase medium.Soil Biology & Biochemistry,22: 1097-1101.

North G B,Nobel P S.1997.Root-soil contact for the desert succulent Agave deserti in wet and drying soil.New Phytologist,1(135): 21-29.

Oikeh S O,Kling J G,Okoruwa A E.1998.Nitrogen fertilizer management effects on maize grain quality in the West African moist savanna.Crop Science,4(38): 1056-1161.

Pelleschi S,Rocher J P,Prioul J L.1997.Effect of water restriction on carbohydrate metabolism and photosynthesis in mature maize leaves.Plant,Cell & Environment,4(20): 493-503.

Privette C V,Smink J.2017.Assessing the potential impacts of WWTP effluent reductions within the Reedy River watershed.Ecological Engineering,98: 11-16.

Qiu S,McComb A J,Bell R W,et al.2004.Phosphorus dynamics from vegetated catchment to lakebed during seasonal refilling.Wetlands,24(4): 828-836.

Quintero C E,Gutierrez-Boem F H,Befani M R,et al.2007.Effects of soil flooding on P transformations in soils of the Mesopotamia region,Argentina.Journal of Plant Nutrition and Soil Science,170(4): 500-505.

Rakotoson T,Amery F,Rabeharisoa L,et al.2014.Soil flooding and rice straw addition can increase isotopic exchangeable phosphorus in P-deficient tropical soils.Soil Use and Management,30(2): 189-197.

Ren B Z.2014.Effects of waterlogging on the yield and growth of summer maize under field conditions.Canadian Journal of Plant Science,1(94): 23-31.

Riahi K,Rao S,Krey V,et al.2011.RCP 8.5—A scenario of comparatively high greenhouse gas emissions.Climatic Change,109(1-2): 33.

Riccardi F,Gazeau P,Jacquemot M P,et al.2004.Deciphering genetic variations of proteome responses to water deficit in maize leaves.Plant Physiology and Biochemistry,12(42): 1003-1011.

Robinson C H.2009.Spatial distribution of fungal communities in a coastal grassland soil.Soil Biology & Biochemistry,41(2): 414-416.

Sandhya V,Ali S Z,Grover M,et al.2010.Effect of plant growth promoting Pseudomonas spp.on compatible solutes,antioxidant status and plant growth of maize under drought stress.Plant Growth Regulation,1(62): 21-30.

Scalenghe R,Edwards A C,Marsan F A,et al.2002.The effect of reducing conditions on the solubility of phosphorus in a diverse range of European agricultural soils.European Journal of Soil Science,53(3): 439-447.

Schoper J B,Lambert R J,Vasilas B L.1986.Maize pollen viability and ear receptivity under water and high temperature stress.Crop Science,5(26): 1029-1033.

Schreiber H A,Stanberry C O,Tucker H.1962.Irrigation and nitrogen effects on sweet corn row numbers at various growth stages.Science,3509(135): 1135-1136.

Shan L J,Zhang L P,Zhang YJ,et al.2018.Characteristics of dry-wet abrupt alternation events in the middle and lower reaches of the Yangtze River Basin and their relationship with ENSO.Journal of Geographical Sciences,28(8): 1039-1058.

Shannon C E.1948a.A mathematical theory of communication.The Bell System Technical Journal,27: 379-423.

Shannon C E.1948b.A mathematical theory of communication.The Bell System Technical Journal,27: 623-656.

Simpson E H.1949.Measurement of diversity.Nature,163: 688.

Sims J T.1998.Phosphorus soil testing: Innovations for water quality protection.Communications in Soil Science and Plant Analysis,29(11-14): 1471-1489.

Singh N T,Vig A C,Singh R.1985.Nitrogen response of maize under temporary flooding.Fertilizer research,2(6): 111-120.

Sperber J I.1958.The incidence of apatite-solubilizing organisms in the rhizosphere and soil.Crop and Pasture Science,9(6): 778-781.

Sposito G.2013.Green water and global food security.Vadose Zone Journal, 12 (4):1742-1751.

Stasovski E,Peterson C A.1991.The effects of drought and subsequent rehydration on the structure and vitality of Zea mays seedling roots.Canadian Journal of Botany,69(6): 1170-1178.

Sun D S.2017a.Degree of short-term drying before rewetting regulates the bicarbonate-extractable and enzymatically hydrolyzable soil phosphorus fractions.Geoderma,305: 136-143.

Sun D S.2017b.Effects of organic amendment on soil aggregation and microbial community composition during drying-rewetting alternation.Science of the Total Environment,574: 735-743.

Sun D S.2018.Effect of soil drying intensity during an experimental drying-rewetting event on Nutrient transformation and microbial community composition.Pedosphere,28(4): 644-655.

Sun J,Xu G,Shao H,et al.2012.Potential retention and release capacity of phosphorus in the newly formed wetland soils from the Yellow River Delta,China.Clean-Soil Air Water,40(10SI): 1131-1136.

Suriyagoda L D B,Ryan M H,Renton M,et al.2010.Multiple adaptive responses of Australian native perennial legumes with pasture potential to grow in phosphorus- and moisture-limited environments. Annals of Botany,105(5): 755-767.

Suriyagoda L D B,Ryan M H,Renton M,et al.2011.Above- and below-ground interactions of grass and pasture legume species when grown together under drought and low phosphorus availability.Plant and Soil,348(1-2SI): 281-297.

Suriyagoda L D B,Ryan M H,Renton M,et al.2014.Plant responses to limited moisture and phosphorus availability: A meta-analysis.Advances in Agronomy,124: 143-200.

Tang X Y.2014.Increase in microbial biomass and phosphorus availability in the rhizosphere of intercropped cereal and legumes under field conditions.Soil Biology & Biochemistry,75: 86-93.

Tang Y.2016.A tool for easily predicting short-term phosphorus mobilization from flooded soils. Ecological Engineering,94: 1-6.

Thomson A M,Calvin K V,Smith S J,et al.2011.RCP4.5: a pathway for stabilization of radiative forcing by 2100.Climatic Change,109(1-2): 77.

Tian R.2016.The use of HJ-1A/B satellite data to detect changes in the size of wetlands in response in to a sudden turn from drought to flood in the middle and lower reaches of the Yangtze River system in China.Geomatics,Natural Hazards and Risk,7(1): 287-307.

Traore S B,Carlson R E,Pilcher C D,et al.2000.Bt and non-Bt maize growth and development as affected by temperature and drought stress.Agronomy Journal,5(92): 1027-1035.

Turner B L,Haygarth P M.2003.Changes in bicarbonate-extractable inorganic and organic phosphorus by drying pasture soils.Soil Science Society of America Journal,67(1): 344-350.

Unger I M,Kennedy A C,Muzika R M.2009.Flooding effects on soil microbial communities.Applied Soil Ecology,42(1): 0-8.

USEPA.1983.Phosphorus,All Forms.Method 365.1 (Colorimetric,Automated,Ascorbic Acid) in Methods for Chemical Analysis of Water and Wastes,EPA-600/4-79-020.

Van Soest P J.1963.Use of detergents in the analysis of fibrous feeds.II.A rapid method for the determination of fiber and lignin.Journal of Dairy Science,46: 829.

Van Soest P J.1973.Collabrative study of acid-detergent fiber and lignin.Journal of Aoac International,56: 781.

Vessey J K.2003.Plant growth promoting rhizobacteria as biofertilizers.Plant and Soil,255(2): 571-586.

Vourlitis G L,Hentz C S,Jr.Pinto O B,et al.2017.Soil N,P,and C dynamics of upland and seasonally flooded forests of the Brazilian Pantanal.Global Ecology and Conservation,12: 227-240.

Vuuren D P V,Stehfest E,Elzen M G J D,et al.2011.RCP2.6: exploring the possibility to keep global mean temperature increase below 2℃ .Climatic Change,109(1-2): 95.

Wakelin S A,Warren R A,Harvey P R,et al.2004.Phosphate solubilization by Penicillium spp. closely associated with wheat roots.Biology and Fertility of Soils,40(1): 36-43.

Wallemacq P,Below R,McLean D.2018.UNISDR and CRED Report: Economic Losses,Poverty & Disaster (1998-2017).

Wang W,Vinocur B,Altman A.2003.Plant responses to drought,salinity and extreme temperatures: towards genetic engineering for stress tolerance.Planta,1(218): 1-14.

Wang X, Qin R R， Sun R H,et al.2018.Effects of plant population density and root-induced cytokinin on the corn compensatory growth during post-drought rewatering.PloS one,6(13): e0198878.

Wang X,Khodadadi E,Fakheri B,et al.2017.Organ-specific proteomics of soybean seedlings under flooding and drought stresses.Journal of Proteomics,(162): 62-72.

Wei L,Xu G,Sun J,et al.2012.Influence of Alternative Drying-Wetting on Phosphorus Fractions in Soils with Different Organic Matter Content and Environmental Implications.Advances in Environmental Protection,2: 15-19.

Wen X,Dubinsky E,Wu Y,et al.2016.Wheat,maize and sunflower cropping systems selectively influence bacteria community structure and diversity in their and succeeding crop's rhizosphere. Journal of Integrative Agriculture,15(8): 1892-1902.

Westgate M E.1994.Water status and development of the maize endosperm and embryo during drought.Crop Science,1(34): 76-83.

Whitehead P G,Wilby R L,Battarbee R W,et al.2009.A review of the potential impacts of climate change on surface water quality.Hydrological Sciences Journal/journal Des Sciences Hydrolo-giques,54(1): 101-123.

Wilhite D A.2000.Drought as A natural Hazard: Concepts and Definitions. New York :Routledge Publishers.

Wu Z W,Li J P,He J H.2006.Large-scale atmospheric singularities and summer long-cycle droughts-floods abrupt alternation in the middle and lower reaches of the Yangtze River.Chinese Science Bulletin,51(16): 2027-2034.

Xiao M H,Shuang-En Y U,Wang Y Y,et al.2013.Nitrogen and phosphorus changes and optimal drainage time of flooded paddy field based on environmental factors.Water Science and Engineering,6(2): 164-177.

Xiong Q Q, Shen T H, Zhong L, et al.2019.Comprehensive metabolomic,proteomic and physiological analyses of grain yield reduction in rice under abrupt drought-flood alternation stress, Physiologia Plantarum, 167(4): 564-584.

Yadav A N.2015.Haloarchaea Endowed with Phosphorus Solubilization Attribute Implicated in Phosphorus Cycle.Scientific Reports,5: 11293.

Yang L X,Yang G S,Yuan S F,et al.2007.Characteristics of soil phosphorus runoff under different rainfall intensities in the typical vegetable plot of Taihu Basin.Chinese Journal of Environmental Science,28(8): 1763-1769.

Yang S Y,Wu B Y,Zhang R H,et al.2013.Relationship between an abrupt drought-flood transition over mid-low reaches of the Yangtze river in 2011 and the intraseasonal oscillation over mid-high latitudes of East Asia.Acta Meteorologica Sinica,27(2): 129-143.

Ye Z,Li Z.2017.Spatiotemporal variability and trends of extreme precipitation in the Huaihe River Basin,a climatic transitional zone in East China.Advances in Meteorology,1: 1-15.

Yevdokimov H,Larionova A,Blagodatskaya E.2016.Microbial immobilisation of phosphorus in soils exposed to drying-rewetting and freeze-thawing cycles.Biology and Fertility of Soils,52(5): 685-696.

Yin Z,Shi F,Jiang H,et al.2015.Phosphate solubilization and promotion of maize growth by penicillium oxalicum p4 and aspergillus niger p85 in a calcareous soil.Canadian Journal of Microbiology,61(12): 1-11.

Yu X F,Wang Y,Yu S Y,et al.2019.Synchronous droughts and floods in the Southern Chinese Loess Plateau since 1646 CE in phase with decadal solar activities.Global and Planetary Change,183: 103033.

Yuan Z,Yan D H,Yang Z Y,et al.2015.Temporal and spatial variability of drought in Huang-Huai-Hai River Basin,China.Theoretical and Applied Climatology,122(3-4): 755-769.

Yue K.2018.Individual and combined effects of multiple global change drivers on terrestrial phosphorus pools: A meta-analysis.Science of the Total Environment,630: 181-188.

Zaidi P H,Rafique S,Singh N N.2003.Response of maize (Zea mays L.) genotypes to excess soil moisture stress: morpho-physiological effects and basis of tolerance.European Journal of Agronomy,3(19): 383-399.

Zhai P,Zhang X,Wan H,et al.2005.Trends in total precipitation and frequency of daily precipitation extremes over China.Journal of Climatology,18: 1096-1108.

Zhang Q,Gu X,Singh V P,et al.2015.Spatiotemporal behavior of floods and droughts and their impacts on agriculture in China.Global and Planetary Change,131: 63-72.

Zhang Q Y,Shao M A,Jia X X,et al.2019.Changes in soil physical and chemical properties after short drought stress in semi-humid forests.Geoderma,338: 170-177.

Zhang Y,Lin X,Werner W.2003.The effect of soil flooding on the transformation of Fe oxides and the adsorption/desorption behavior of phosphate.Journal of Plant Nutrition and Soil Science,166(1): 68-75.

Zhang Z Z,Yuan Y J,Shen D F,et al.2019a.Identification of drought-flood abrupt alternation in tobacco growth period in Xingren County under climate change in China.Applied Ecology and Environmental Research,17(5): 12259-12269.

Zhang Z Z,Yuan Y J,Shen D F,et al.2019b.Analysis of drought-flood abrupt alternation of tobacco based on precipitation and soil ponding in Siuwen China.Applied Ecology and Environmental Research,17(5): 12271-12286.

Zhao Z.2018.Paddy cultivation significantly alters the forms and contents of Fe oxides in an Oxisol and increases phosphate mobility.Soil & Tillage Research,184: 176-180.

Zhou X,Zhang Y,Ji X,et al.2011.Combined effects of nitrogen deposition and water stress on growth and physiological responses of two annual desert plants in northwestern China.Environmental and Experimental Botany,(74): 1-8.

Zhu R.2020.Cumulative effects of drought-flood abrupt alternation on the photosynthetic characteristics of rice.Environmental and Experimental Botany,169: 103901.